住房城乡建设部土建类学科专业"十三五"规划教材
高等学校城乡规划学科专业指导委员会规划推荐教材

城乡规划GIS实践教程

周婕　牛强　著

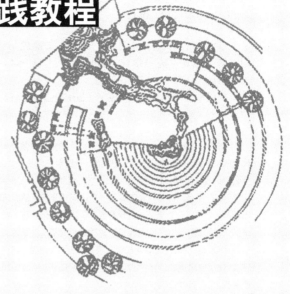

中国建筑工业出版社

图书在版编目（CIP）数据

城乡规划GIS实践教程 / 周婕，牛强著. —北京：中国建筑工业出版社，2017.5（2024.11重印）
住房城乡建设部土建类学科专业"十三五"规划教材
高等学校城乡规划学科专业指导委员会规划推荐教材
ISBN 978-7-112-20811-1

Ⅰ.①城… Ⅱ.①周… ②牛… Ⅲ.①地理信息系统–应用–城乡规划–高等学校–教材 Ⅳ.①TU984

中国版本图书馆CIP数据核字（2017）第102457号

　　本教材以解决城乡规划实际分析问题为导向来讲解 GIS 实践操作。这些分析包括规划地理数据的可视化、规划图纸绘制、现状容积率统计、城市用地适宜性评价、三维地形地貌模拟、竖向规划、道路选线、景观视域分析、设施服务区分析、设施选址、交通可达性分析等。针对每个规划分析，组织了若干上机实践，所有实践均基于 ESRI 公司开发的 ArcGIS Desktop 10 这一通用桌面 GIS 平台。实践中详细讲解了具体规划分析问题的解决思路、GIS 的实现步骤和具体操作，以及相关的 GIS 知识。通过本教材的学习，可以循序渐进地掌握 GIS 的基本原理和主要功能，以及 ArcGIS Desktop 10 的使用方法和技能，并培养出综合使用这些知识、方法和技能来解决具体规划分析问题的能力。

　　本教材主要面向高等学校城市规划专业的本科生、研究生。既可以作为 GIS 实践类课程的专用教材，也可以作为 GIS 原理类课程的辅助教材。本书亦适用于希望掌握 GIS 的城市规划设计人员、研究分析城市的科研人员，以及相关专业的本科生、研究生。

责任编辑：杨　虹　刘晓翠
责任校对：焦　乐　党　蕾

住房城乡建设部土建类学科专业"十三五"规划教材
高等学校城乡规划学科专业指导委员会规划推荐教材

城乡规划GIS实践教程
周婕　牛强　著
*
中国建筑工业出版社出版、发行（北京海淀三里河路9号）
各地新华书店、建筑书店经销
北京嘉泰利德公司制版
建工社（河北）印刷有限公司印刷
*
开本：787×1092毫米　1/16　印张：15¾　字数：350千字
2017年8月第一版　2024年11月第七次印刷
定价：45.00元（附光盘）
ISBN 978-7-112-20811-1
　　　（30472）

序

城乡规划学的综合性，体现在其城乡空间上必须同时支撑起社会经济和生态文明等诸多要素的健康运行与永续发展。而 GIS 正是支撑这个空间的强有力的关键信息平台。GIS 发展至今，已经对于提高城乡空间运行规律的把握，对于规划科学性的整体提升，在学科发展上作出了重要的历史性贡献。正是基于此认识，在 2013 年主编我国首版的《高等学校城乡规划本科指导性专业规范》时，我与各校学科带头人组成的城乡规划学专业指导委员会的同事们达成了共识，正式将《地理信息系统应用》列入我国城乡规划本科的十门核心课程之中。至此，中国大多数设立城市规划专业的院校都开设了《地理信息系统》或相关课程。

今天，城乡规划学的前沿发展已经进入了空间大数据和移动互联网的时代，GIS 在城乡空间分析、社会经济与生态文明的空间规律方面的探索中更为重要，扮演着坚实母版的作用。这也就是我期待这本教程的第一个原因：GIS 可以有力地支撑城乡规划的现代理性的发展，尤其在大数据和移动网络的时代，我希望新一代的规划师能够把握现代理性的分析工具。

我期待这本《城乡规划 GIS 实践教程》的第二个原因是：能为青年规划师架构起一个完整而又清晰的 GIS 体系框架。学生可以跟随课堂教学推进学习，规划师更可以一口气地自学完成 GIS 的整体框架。此书为我们规划师提供了一个结构清晰的 GIS 框架，可以让读者清晰地把握 GIS 的整体概貌和结构层次。

我推荐给青年规划师的第三个原因是：《城乡规划 GIS 实践教程》还是一本可读性很强的工具性的教材。GIS 是一门在各个子方向上不断展拓，在多层面上做无数搭接可能的纷繁的空间信息技术。对于专业规划师，面对 GIS 存在一个悖论：不学 GIS，显然会让自己失去一门强有力的空间信息工具；相反，倘若要求规划师们把主要的精力投入到 GIS 的技术世界里探索，几乎又是没有可能的。由此，破除这个悖论的最好办法，就是可以按照规划工作的实践需要查阅书中的 GIS 工具。

我为《城乡规划 GIS 实践教程》作序的第四个原因，是这本教材将大量城乡规划工作的实际工作案例嵌入不同的 GIS 教学章节之中。对于规划学生和从事规划实践的规划师而言，最佳的 GIS 学习方法是针对规划实例中的具体问题，寻找合适的 GIS 功能，并把相关的 GIS 技术综合起来一并考虑，最终形成解决问题的一套 GIS 方案。在实施解决方案的过程中实际操作 GIS 软件，掌握 GIS 相关知识，切身体会 GIS 在城市规划中的作用，如此学习可以达到事半功倍的效果。

　　最后，我想在此书的序言中，必须专门提及本教材的作者周婕教授和她的教学科研团队。他们从 GIS 基础、GIS 高级、规划分析、高级规划分析，到城乡信息管理、地理时空分析、方案评估、决策支持等全方位的支撑，都形成了图文并茂而又精准描述的教案，并在过去十多年的教学中，积累了大量的教学经验，这些都融入到了本书之中，同时对于规划专业学习运用 GIS 碰到的特别问题和关键点，还有重点地作了讲解。我个人测试了书中几个教学案例，觉得周婕教授的团队是用心地在写这本教材的。

　　对于整个城乡规划学来说，城市生命的诞生、发育和成长的空间规律研究及其对于未来城市生命的健康维护，为其主业或者要职。我希望，我们的学生可以用此书建立 GIS 的整体概貌认识，掌握工具系统；我也相信，此书可以为我们在规划实践中认识城市客观，提供随手的有效工具查阅手册；我更希望、也坚信，在我们城乡规划学的建构和发展中，这本书将提供更理性、更科学的支撑。

2016 年仲夏雨夜
于重庆

前　言

　　城乡规划由于其固有的研究性质而一直非常重视信息技术的应用。例如，20世纪90年代CAD技术刚开始成熟，规划界就开始了"甩掉图板"的运动，并迅速用CAD取代了传统尺规作图的规划方式，这是信息技术在城乡规划领域的第一次大规模普及。而今,地理信息系统(GIS)也趋于成熟，它带给城乡规划的则远不止于绘图效率的提高，而是包括城乡信息管理、地理时空分析、方案评估、决策支持等全方位的支撑，GIS已成为城乡规划提高其科学性的关键技术。反映在教学上，大多数设立了城市规划专业的院校都开设了《地理信息系统》或相关课程，而课程《地理信息系统应用》在2013年版的《高等学校城乡规划本科指导性专业规范》中也正式被列入城乡规划本科的十门核心课程之一，足以见城乡规划教学对GIS的重视。

　　但学习GIS并非易事，仅它提供的功能或工具就多达数百、上千项，所以尽管目前并不缺少详细介绍GIS功能的书籍，但对于规划师而言，全面去掌握这些功能是非常费力的，同时也是没有必要的。并且更为困难的是，即使掌握了GIS功能也不等于掌握了使用这些功能来解决规划问题的方法，因为这往往需要组合使用一系列GIS功能来实现，这大大增加了GIS应用的复杂程度。通过多年的教学，笔者发现最有效的GIS学习方法不是去逐个掌握GIS功能,而是在实践项目中带着问题去学。针对要具体解决的规划问题，主动去寻找合适的GIS功能，去思考这些功能的组合和衔接方式，构思解决问题的GIS技术方案，并在实践过程中去操作、去运用这些功能，体会这些功能及其组合在规划中能发挥的作用、能达到的效果，并加深对相关GIS原理的理解。如此学习可以达到事半功倍的效果。

　　因此，本教材的内容围绕着一系列实践来展开。实践标题括号中注明了实践的性质，例如"GIS基础"、"GIS高级"、"规划分析"、"高级规划分析"等，如果有"续前"则表明该实践是前一实践的延续。每个实践前面都有一个"实践概要"简表，介绍了实践的目标、实践的内容、实践的思路以及所需的数据。接下来以图文并茂的方式详细讲解了实践的步骤和具体操作。当实践涉及 GIS 原理、相关知识或技巧的时候，会出现一个提示框，对其进行精要的说明。每章结尾会安排若干个实践练习，作为课后作业巩固该章所学内容。

本教材主要面向高等院校城市规划专业的 GIS 初学者，在教学体系上，既可以作为 GIS 实践类课程的专用教材，也可以作为 GIS 原理类课程的辅助教材。本书亦适用于希望掌握 GIS 的城市规划设计人员、研究分析城市的科研人员，以及相关专业的本科生、研究生。其中，第 1 章主要概述了 GIS 的概念、作用和主要的规划应用。第 2、3、4 章围绕一系列由浅到深的实践介绍了 GIS 的基础功能，以及 GIS 软件——ArcGIS——的基本操作。这些实践主要包括查阅城乡规划中的 GIS 信息、城乡规划地理数据的可视化和现状图绘制。第 5 章到第 10 章讲解了 GIS 的主要空间分析功能，包括空间统计分析、叠加分析、三维分析、网络分析等。这些功能的介绍主要结合具体的规划问题来展开，包括统计现状容积率、城市用地适宜性评价、三维地形地貌模拟、填挖方分析、道路选线、景观视域分析、城市交通网络模拟、设施服务区分析、设施优化布局、交通可达性分析等。每个分析都是由若干实践构成，实践中笔者希望读者不仅仅是掌握 GIS 功能和操作步骤，更重要的是掌握解决规划问题的思路。为此，在这些实践的"实践概要"简表中增加"实践思路"内容，包括问题解析、关键技术、所需数据和技术路线。通过这些系统的思维训练，读者将具备自主设计技术路线以解决其他规划问题的能力。本书末尾提供了"GIS 技术索引"，用于查询 GIS 工具，定位到具体页面以获取相关使用方法。

学习本教材并不需要 GIS 基础，当然如果事先学习过 GIS 原理会更好，但这不是必需的，因为本书也会对关键的 GIS 原理作精要介绍。书中实践使用的软件主要是 ESRI 公司的 ArcGIS 10.0 中文版。读者亦可以使用其后续更新版本 ArcGIS 10.1、ArcGIS 10.2、ArcGIS 10.3，它们的界面、功能都基本相同，但要注意的是有些工具的名称、在系统工具箱中的位置可能略有变化。各章的随书数据存放在随书光盘中，文件夹被命名为【Chapter2】、【Chapter3】等。其下包含两类子文件夹，其中【实践数据】子文件夹提供了各章实践所需数据，【练习数据】子文件夹提供了各章练习所需数据。

本教材的写作得到了很多人的帮助。特别感谢本书的责任编辑杨虹为本书付出的辛劳。此外，武汉大学城市设计学院的同学揭巧、李娟、罗逍辅助了本书的写作，在此表示感谢！本书同时也得到了国家自然科学基金项目的资助(项目号:51178357,51308422)。由于本书作者的水平、经验有限，书中难免出现错漏，欢迎读者批评指正。

目　录

第1章 GIS概述

　　GIS（Geographic Information System 的缩写，即地理信息系统）是处理地理、空间信息的计算机应用系统，是地图出现以来，人类处理地理信息的一次巨大飞跃(Department of Environment，1987)。目前已成为一个规模庞大的产业，渗透到各个领域，如测绘、交通、农业、公安、环保、城建等，并且成为人们生产、生活、学习和工作中不可或缺的工具。

　　1980 年代，GIS 被引入到我国城市规划领域，目前已经全面应用到规划的各个阶段，成为规划师进行规划管理、规划分析决策、开展公众参与的得力工具，发挥着不可替代的重要作用。

　　那么，究竟什么是 GIS，GIS 具体能做什么，在城乡规划中能发挥什么作用，本章将作简要介绍。通过本章的学习，将掌握：

- GIS 的起源；
- GIS 的概念；
- GIS 的构成；
- GIS 的功能；
- GIS 在城乡规划各阶段中的应用；
- 主流 GIS 软件。

1.1 什么是GIS?

为了理解地理信息系统，让我们首先来看看什么是地理空间信息。最常见的地理空间信息就是门牌号、地名、路名等地址信息。当你把你家的门牌号留给别人，实际上就是把你家的空间位置告诉了他，那么他就可以通过门牌号找到你家，或者邮寄物品到你家。当发生了交通事故，把道路名和附近建筑的门牌号告诉交管部门，那么交警会迅速找到你。此外，另一种不容易被感受到但是非常重要的地理空间信息就是空间位置坐标，例如经纬度、X、Y坐标。当用手机导航时，通过手机内置的GPS（Global Positioning System，全球定位系统）设备获取到的经纬度坐标就是重要的地理空间信息，根据这些坐标就可以在地图上定位到你所处的位置。当在地图上绘制了一栋建筑，那么这栋建筑每个部位的空间位置坐标都可以被量算出来，根据这些坐标可以在实地定位它们，甚至修建它们。

由此可见，地理空间信息对我们是多么的重要，以至于必须用一种方法来管理它们，那就是地图。实际上，早在很久以前的部落时代，地理空间信息的重要性就已经被认识到，并发明了地图来记载、表达地理空间信息。根据考古发现，现在保存下来的最古老的地图是公元前27世纪苏美尔人绘制的地图，以及大约公元前25世纪刻划在陶片上的巴比伦地图。这些图中已表示出城市、河流和山脉，为渔猎、旅行提供方便。迄今为止，地图仍然是记载、表达地理空间信息的重要方式。地图给我们提供了大量的地理空间信息，借助纸质或电子地图，我们可以找到目的地的位置，以及去那里的合适路线，定位自己所处的地点，找到所处地点附近的餐馆、超市、宾馆等。正是由于地图和地理空间信息的重要性，联合国新定义的文盲标准中，将不能识别地图等现代社会符号的人归入"功能型文盲"。

1950年代，计算机的兴起启发了当时的地图制图学者，他们期望让电子计算机来完成一些地图制图工作，让计算机来收集、存储和处理各种与空间和地理分布有关的图形和属性数据。1956年，奥地利测绘部门首先利用电子计算机建立了地籍数据库，随后各国的土地测绘和管理部门都逐步发展土地信息系统（LIS）用于地籍管理。

进入1960年代，地理信息系统这一术语被Roger Tomlinson首次提出。他于1960年代中期开发出了加拿大地理信息系统（CGIS），用于存储、分析和利用加拿大土地统计局收集的关于土壤、农业、休闲、野生动物、水禽、林业和土地利用的数据，被世界公认为GIS之父。他提出GIS是全方位分析和操作地理数据的数字系统。GIS诞生了。

之后，对地理空间信息的管理方式从纸质地图进化到全新的数字化管理阶段。例如，在1960年代，IBM公司和COLORADO公共服务公司开始致力于用计算机工具管理公用事业的设施。又如，1970年美国人口普查局制作了第一份经过地理编码的人口普查数据等。进入1980年代，开始出现商业化的GIS软件产品，并被大规模应用推广，在土地、房产管理、农业、森林、环境、市政、交通、城建、军事等领域都出现了基于GIS的实用信息系统（宋小冬等，

2010）。到目前为止数字化管理的地理空间信息已经无处不在，并且已经民用化了，例如百度电子地图、手机导航等。

由此可见，GIS起源于对地理信息的数字化管理和分析。目前，关于GIS的比较认可的定义是美国联邦数字地图协调委员会（FICCDC）提出的，即"由计算机硬件、软件和不同方法组成的系统，该系统设计用来支持空间数据的采集、管理、处理、分析、建模和显示，以便解决复杂的规划和管理问题。"

GIS由硬件、软件、数据、应用环境（即方法和人员）等要素组成，而不仅仅是软件。GIS硬件包括计算机、输入与输出设备、网络通信设备。GIS软件是实现GIS数据输入、处理和输出的软件包。GIS数据是GIS的操作对象和管理内容，整个GIS系统都是围绕GIS数据展开的。GIS方法是为解决各种现实问题而提出的各种模型方法，例如城市用地适宜性模型、洪水预测模型、位置分配模型等。GIS人员是管理、维护和使用GIS系统的各类人员。GIS数据的采集和管理是GIS系统中成本最高的一项，按照国内外一般经验，规模较大的实用GIS长期运营成本有着如下关系：

硬件成本＜软件成本＜应用开发投入＜初期数据采集成本＜日常数据维护成本

1.2　GIS能做什么？

GIS一般能完成以下三类任务：

1．地理数据采集、输入、编辑、存储

这是GIS的基本功能，它将地面的实体图形数据和描述它的属性数据输入到数据集中，通过编辑消除采集过程中出现的数据错误，最后存储到地理数据库中。这实际上是将地理信息数字化的过程。数字化能提高这些信息的管理效率、利用效果，因而规划部门用它来管理用地审批信息、规划编制成果，公安部门用它来管理犯罪的信息、部署警力，市政部门用它来管理水电煤气等市政设施等。

2．空间分析

这是对数字化的地理信息进行的各类分析，通过空间分析能够回答和解决用户关于地理的各类问题。归纳起来有以下五类：位置、条件、趋势、模式和模拟（陈述彭等，1999）。这也是GIS最具魅力的地方。

常用的空间分析类型包括：

（1）位置分析：用于回答某一事物或现象在什么位置，或者在特定位置有什么和是什么。例如，武汉大学在哪里，发生在某路段的交通事故有哪些等。

（2）条件分析：从海量地理信息中查找到符合某些条件的地理信息。例如，武汉大学周边500m内的宾馆有哪些，坡度小于25°的用地有哪些，邻近主干道且可用于商业用地开发的土地有哪些等。

（3）趋势研究：回答某一地理事物或现象随时间变化而变化的趋势。例如，城市有朝哪个方向扩展的趋势，雾霾会朝什么方向移动等。

（4）模式研究：模式是指经过抽象和升华提炼出来的核心知识体系，通过模式研究可以找到地理事物的空间分布模式、集聚特征，以及事物之间的相互关系。例如，犯罪的空间分布模式、经济空间集聚模式、人口分布和交通的关系、产业和环境的关系等。

（5）模拟分析：主要解决某个系统如果具备或改变某种条件，就会发生什么相关地理事件等问题。例如，可以模拟在一定的政策和规划条件下，城市空间会怎么发展，土地会怎样变化等。

3. 专题制图和数据可视化

这是 GIS 表现数据内容的方法。通过该功能 GIS 可以把一些晦涩、繁杂的数据以二维或三维地图的方式直观显示出来，例如人口分布数据、交通流量数据等，这些被称为数据可视化，目的是为了方便用户迅速捕捉到目标信息。

GIS 可以根据地理数据迅速制作出城市规划的各类专题图纸，例如土地使用现状图、交通流量图、经济分布图、城镇体系图、道路等级图等，并且可以把这些信息叠加显示，综合查看。此外，还可以在三维环境中，模拟现实或规划的某一场景，并在其中漫游。

1.3 GIS在城乡规划中能做什么？

上述 GIS 的三大功能都能在城乡规划的各个阶段发挥重要作用。

1. 现状调研阶段

（1）利用 GIS 管理现状数据（例如土地使用现状数据、道路数据、市政设施数据等）和相关规划。如图 1-1 所示，这是利用 GIS 构建的关于某城镇现状信息的地理数据库，库中包括地形、遥感影像、建筑、道路、土地利用、上轮规划、行政区划等方面信息，这些信息以图层的形式汇总在"一张图"上。

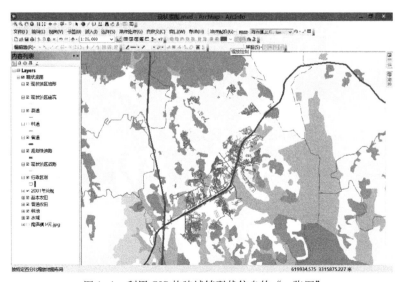

图 1-1　利用 GIS 构建城镇现状信息的"一张图"

（2）利用手持GIS设备辅助现场踏勘。融合GPS（全球定位系统）、RS（遥感）和GIS的手持设备（例如GPS手机、PDA）可以告诉规划师所处的位置和周边地理环境，以及相关地理数据，使规划师更快、更准确地掌握现场情况。

2. 现状分析阶段

（1）制作各类现状图纸（图1-2）；

（2）利用GIS叠加分析功能，统计容积率，评价用地适宜性（图1-3）；

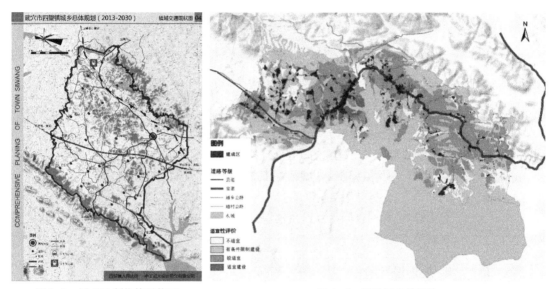

图1-2 用GIS制作的现状图　　　　　图1-3 用地适宜性评价

（3）分析交通可达性和交通网络结构；

（4）模拟三维地形地貌、虚拟城市场景（图1-4）；

（5）生态敏感性分析（图1-5）、生态承载力分析、景观生态安全格局分析；

（6）景观视域分析（图1-6）、景观评价；

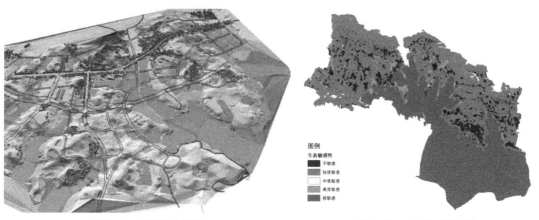

图1-4 三维场景模拟　　　　　　　图1-5 生态敏感性评价

图1-6　综合景观视域分析

（7）洪水淹没区分析；

（8）制作城市演变的动画；

（9）利用空间统计功能，挖掘地理事物的空间分布规律；

（10）分析空间结构；

（11）利用空间相互作用模型分析城镇的吸引力和势力圈，用于行政区划调整等。

3. 规划设计阶段

（1）交通量预测、交通网络的评价和优化（图1-7）、交通和用地的协调配置；

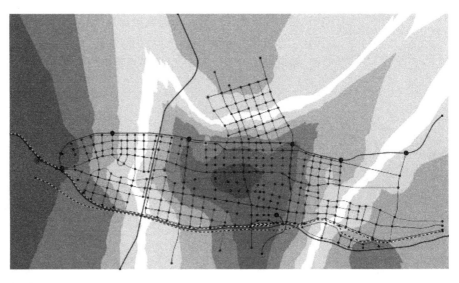

图1-7　基于平均出行时间的交通可达性分析

（2）绿地适宜性评价、绿地可达性分析、绿地综合效益评价、景观格局分析；

（3）市政和公共设施布局的优化（图1-8）；

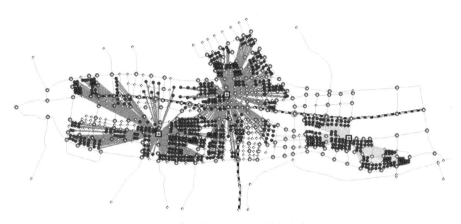

图1-8 基于位置分配模型的某高中选址

（4）规划景观的实时模拟；

（5）场地填挖方分析（图1-9）；

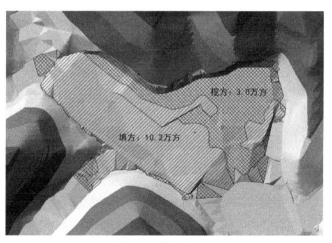

图1-9 填挖方分析

（6）避难场所空间配置；

（7）和城市演变模型结合起来（例如城市CA模型）预测城市演变；

（8）通过多准则决策分析，预测不同政策条件下的用地变化；

（9）规划制图，GIS在自动／半自动化制图、保持图纸之间数据的一致性、快速修改等方面具有突出优势；

（10）支持公众参与，发布信息、收集意见、方案选择，等等。

4. 规划实施阶段

（1）管理规划编制成果、基础地形、市政管线，以及相关的各类信息，为

规划业务提供信息（图1-10）；

（2）利用规划管理信息系统，开展各类建设许可业务；

（3）决策时，模拟建设的三维场景（图1-11），评估实施影响，用于多方案选择和方案优化；

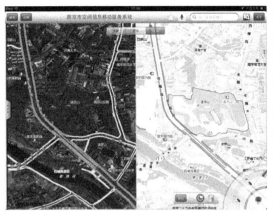

图1-10　规划审批用的规划"一张图"　　　图1-11　三维环境下的规划决策支持系统

（4）查验项目申报是否符合相关规划等。

5. 评价、监督阶段

（1）和遥感相结合，监测城市、区域的环境变化；

（2）检查建设项目是否符合规划；

（3）检讨规划的实施效果，辅助规划评估，等等。

1.4　有哪些主流GIS软件？

GIS发展至今，已形成比较成熟的软件产业，国内外均有非常成熟的软件系统。国外比较有代表性的GIS商业软件有ArcGIS、MapInfo、AutoCAD Map、Bentley Map等，国内有代表性的有SuperMap GIS、MapGIS、吉奥之星等。简要介绍如下：

（1）ArcGIS是目前功能最全、应用最广的GIS软件。其历史可以追溯到GIS诞生的时代，1969年Laura和Jack Dangermond建立了环境系统研究所（Environmenal Systems Research Institute，ESRI），它最初是为企业创建和分析地理信息进行咨询工作的，但到了1980年代，它开始研发并向市场提供专业的GIS软件Arc/Info（即ArcGIS的前身），该系统由于功能强大而全面，迅速在世界GIS市场中占据了绝对领先地位。2001年ESRI推出了全新的GIS产品，它不再使用ArcInfo的名称，被直接命名为ArcGIS8.1。它是一套基于工业标准的GIS软件，提供了功能强大并且简单易用的完整的GIS解决方案。2010年ESRI发布了ArcGIS10，是迄今为止分析功能最为全面的GIS软件。

（2）MapInfo是目前使用比较广泛的GIS软件，其执行效率较高，操作简单，容易上手，但是其分析功能较弱，并且当数据量巨大时，其效率会大幅度下降。

（3）AutoCAD Map 3D 是基于 AutoCAD 的 GIS 软件，由 Autodesk 公司开发。它直接集成到 AutoCAD 环境，因而方便了国内广大 AutoCAD 用户上手使用。它只具有 GIS 的基础功能和少量空间分析功能，但其优势在于数据编辑功能强大，效率高。

（4）Bentley Map 是基于 MicroStation 的 GIS 软件。MicroStation 在国际上是和 AutoCAD 齐名的 CAD 软件。Bentley Map 在国外拥有广泛的客户群。它只拥有 GIS 的基础功能和少量分析功能，但数据编辑功能强大，并且产品体系比较完善，是许多专业 GIS 软件的基础，例如 Bentley Cadastre、Bentley Electric、Bentley Water、Bentley Gas 等。

（5）SuperMap GIS 是北京超图软件股份有限公司开发的，具有完全自主知识产权的大型地理信息系统软件平台。SuperMap GIS 目前主要被作为二次开发的基础平台，许多国内的 GIS 应用系统都是在它的基础上二次开发而来。

（6）MapGIS 是武汉中地信息工程公司开发的 GIS 软件平台，它具有完整的桌面端，主要应用于国土资源管理领域。

（7）吉奥之星是武大吉奥信息技术有限公司研发的地理信息系统基础软件平台，是我国自主版权三大 GIS 平台之一，主要应用于测绘领域。

1.5 本章小结

本章对 GIS 是什么、能做什么、能在城乡规划中干什么，以及有哪些主流 GIS 软件作了简要介绍，期望读者能对 GIS 有一个初步的和感性的认识。如果读者希望从专业层面对 GIS 作深入了解，请参阅关于 GIS 的专业书籍。

GIS 源起于对地理、空间信息的数字化处理，发展到现在已成为"由计算机硬件、软件和不同方法组成的系统，该系统设计用来支持空间数据的采集、管理、处理、分析、建模和显示，以便解决复杂的规划和管理问题"（FICCDC 对 GIS 的定义）。GIS 能完成的任务包括地理数据的采集、输入、编辑、存储，位置、条件、趋势、模式、模拟等空间分析，专题制图和数据可视化等。这些功能在城乡规划的各个阶段都能发挥重要作用，本书的后续章节将对其作详细讲解。

第2章 查阅城乡规划中的GIS信息——ArcGIS基础

　　GIS 是一门用于实践的技术，空讲理论不如上机一试，直观感受其强大的功用。所以从本章开始，直接以实际规划案例为对象，以解决明确的规划问题为目标，以 ArcGIS 为主要软件平台，一边讲解功能实现的过程和操作方法，一边介绍相关 GIS 原理。

　　随着 GIS 的普及，规划师开始不得不面对 GIS 数据，例如从规划局管理信息系统中导出的用地审批 GIS 数据、国土局提供的土地利用 GIS 数据、测绘部门提供的数字高程模型（DEM）等。对于目前仅仅习惯于 CAD 数据的广大规划师们而言，当他们突然发现拿到的数据是 GIS 数据时，往往会顿时不知所措。于是本书的作者经常会被请去帮他们把 GIS 数据转换成 AutoCAD 数据，而这会带来属性数据的丢失。

　　实际上掌握 GIS 并非难事，以 GIS 通用软件 ArcGIS 为例，和掌握 AutoCAD 差不多。本章将以一个简单的规划案例，介绍如何用 ArcGIS 来查阅 GIS 信息，让你熟练掌握操作 GIS 的基本技能，了解 GIS 的信息组织方式，初窥 GIS 的强大功能。通过本章的学习，将掌握以下知识或技能：

　　■ 主流 GIS 平台 ArcGIS 的主要构成及各部分的功能；

　　■ ArcGIS 桌面应用的基本界面；

■ 用 ArcMap 在二维环境中查阅地理信息的基本操作：基本浏览操作、图层含义和图层操作、地理数据的加载／卸载、信息查询、地图输出；

■ 用 ArcScene 在三维环境中查阅地理信息的基本操作。

2.1 ArcGIS 软件介绍

ArcGIS 10 是 ESRI 公司 2011 年推出的新一代 GIS 软件。它是一系列软件产品的集成，由桌面软件（ArcGIS Desktop）、服务器 GIS（ArcGIS Server）、移动 GIS（ArcGIS Mobile）、嵌入式 GIS（ArcGIS Engine）等组成。

对于规划师而言，日常应用到的主要是桌面软件 ArcGIS Desktop。ArcGIS Desktop 是一系列应用程序的总称，主要包含 ArcMap、ArcScene、ArcGlobe、ArcCatalog 这四个应用程序。

（1）ArcMap 是 ArcGIS Desktop 的主要应用程序，用于地理数据输入、编辑、查询、分析、显示等，具有基于地图的所有功能，如地图制图、地图编辑、地图分析等（图 2-1）。

图 2-1　ArcMap 应用程序界面

（2）ArcScene 和 ArcGlobe 是适用于 3D 场景下的数据展示、分析等操作的应用程序。ArcScene 适合于局部三维透视场景的显示（图 2-2），ArcGlobe 适合从全球视角无缝、无限量地显示数据（图 2-3），而 ArcMap 只能从平面二维的角度看场景。

（3）ArcCatalog 是地理数据的资源管理器，帮助用户组织和管理所有的 GIS 信息，比如地图、数据集、模型、元数据、服务等（图 2-4）。

本书主要使用 ArcMap、ArcScene，对于 ArcCatalog 这一重要工具，由于 ArcMap 中的【目录】面板集成了其主要功能，所以一般情况下专门使用它的机率比较小。

ESRI 会及时发布新的补丁来弥补当前版本中存在的漏洞，及时升级最新的补丁包非常重要。经常有读者会问为什么有些 ArcGIS 操作不能成功，功能不能实现或者出错，对此首要建议是去 ESRI 官方网站升级补丁包，网址为 http：／／support.esrichina.com.cn/support/download/ServicePack/，绝大多数问题在升级补丁包后得以解决。

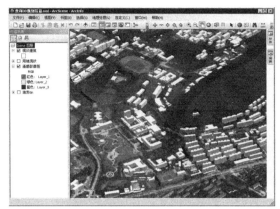

图 2-2 ArcScene 应用程序界面

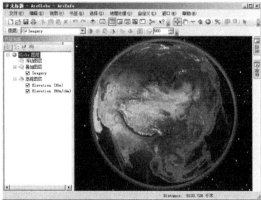

图 2-3 ArcGlobe 应用程序界面

图 2-4 ArcCatalog 应用程序界面

2.2 用ArcMap查阅二维规划信息

规划业务环境中已经存在有大量 GIS 数据，如规划局信息中心管理的土地利用、基础设施、用地和建设审批等 GIS 数据，国土部门管理的用地权属、土地利用数据，测绘部门测绘的建筑、地物、地貌数据等。这些 GIS 数据可以直接利用 ArcGIS 打开并查阅，用于支持规划业务，而无须转换成 CAD 数据来使用。

实践 2-1（GIS 基础）用 ArcMap 打开一份地图

实践概要 表 2-1

实践目标	初识 ArcMap
实践内容	启动 ArcMap 打开一份预先准备好的地图 认识 ArcMap 界面
实践数据	随书数据【\Chapter2\ 实践数据 2-1 至 2-7\】

请按照以下步骤打开一份预先制作好的规划图，进入 GIS 世界。

1. 启动 ArcMap10

■ 点击 Windows 任务栏的【开始】按钮，找到【所有程序】→【ArcGIS】
→【ArcMap 10】程序项，点击启动该程序，会弹出【ArcMap − 启动】对话框
（图 2-5）。

2. 打开地图文档

■ 在上述对话框中，点击左侧面板的【浏览更多 …】项，会弹出【打
开 ArcMap 文档】对话框，选择随书数据【\Chapter2\ 实践数据 2-1 至 2-7\】
文件夹下的【查阅规划 GIS 信息 .mxd】。之后会显示 ArcMap 主界面和地图内
容（图 2-6）。

图 2-5 【ArcMap- 启动】对话框

图 2-6 ArcMap 主界面

界面主要由五部分构成：

（1）上部的菜单栏和工具条。

（2）左侧的【内容列表】面板。它列出了地图中的所有图层。

（3）中间的地图窗口。它显示了【内容列表】面板中勾选显示的图层的地
图内容。

（4）右侧的【目录】和【搜索】浮动面板。当把鼠标移动到【目录】或【搜
索】标签上时会浮动出【目录】或【搜索】面板（图 2-7）。【目录】面板
类似于 Windows 操作系统的资源管理器，可以新建、移动、复制、删除各
类 GIS 数据。

（5）底部的任务栏。任务栏中显示鼠标位置的坐标、操作提示等。

3. 直接打开地图文档

■ 要直接打开 ArcGIS 地图，也可以在 Windows 资源管理器中找到随书数
据【\Chapter2\ 实践数据 2-1 至 2-7\】文件夹下的地图文档【查阅规划 GIS
信息 .mxd】（图 2-8），双击打开。ArcMap 地图文档以 ".mxd" 作为扩展名。

图 2-7　浮动【目录】面板

图 2-8　资源管理器中的地图文档

实践 2-2（续前，GIS 基础）ArcMap 中浏览地图

	实践概要	表 2-2
实践目标	浏览规划图纸	
实践内容	放大、缩小、平移地图 回退到之前的视图 创建查看器窗口 认识数据视图和布局视图	
实践数据	随书数据【\Chapter2\ 实践数据 2-1 至 2-7\】	

受计算机屏幕大小的限制，需要通过鼠标和键盘来放大、缩小、平移图面来浏览地图，这是最基本的操作。请按照以下步骤来浏览前面打开的地图。

1. 用鼠标滑轮来浏览地图

■ 放大、缩小地图：鼠标在地图窗口时，向后或向前滚动滑轮。

■ 平移地图：鼠标在地图窗口时，按下滑轮不松开，此时光标变为手掌形状，同时移动鼠标，地图将跟着平移。

ArcMap
技巧

　　设置鼠标滑轮缩放地图的方向
　　ArcMap用鼠标滑轮来缩放地图时，放大、缩小的默认滚动方向正好与AutoCAD相反，许多习惯AutoCAD的读者会很难适应。可以将滚动缩放方式加以调整：在ArcMap主菜单下选择【自定义\ArcMap选项】，在弹出的【ArcMap选项】对话框中切换到【常规】选项卡，在【向前滚动/向上拖动】栏选择【放大】，点【确定】。如此设置后，滚动缩放的方向与AutoCAD变得一致。

2. 用工具来浏览地图

ArcMap 的【工具】工具条（图 2-9）上提供了一系列浏览地图的工具，包括放大、缩小、平移、全图等。

放大 平移 比例放大 上一视图

缩小 全图 比例缩小 下一视图

图 2-9 【工具】工具条

3．用快捷键来浏览地图

■ 放大地图：按住键盘的"Z"键不放，鼠标在地图窗口中点击要放大的位置，或拖拉出一个矩形框，代表要放大的区域。

■ 缩小地图：按住键盘的"X"键不放，鼠标在地图窗口中点击要缩小的位置。

■ 平移地图：按住键盘的"C"键不放，在地图窗口中按住鼠标左键不松开，移动鼠标。

4．视图回退

对地图进行了放大、缩小、平移等操作后，若想回退到之前的视图，可以点击【工具】工具条上的【返回上一视图】按钮←，每点击一次，回退一次浏览操作。

回退之后，亦可以点击→转至下一视图。

5．创建查看器窗口

规划信息查询时，有时需要定格几个局部地图视图，用于信息比对，这时需要创建若干个查看器窗口。

点击【工具】工具条上的【创建查看器窗口】工具，然后在地图窗口中用鼠标拖拉出一个矩形框，随即会弹出【查看器】窗口，该窗口显示了矩形框中的地图内容，如图 2-10 所示，创建了两个局部地段的【查看器】窗口。

可以点击【查看器】窗口中的地图浏览工具，或者用鼠标滑轮、快捷键，对窗口内容的显示范围进行调整。同时，不管对地图窗口或其他【查看器】窗口进行任何浏览操作，【查看器】窗口中显示的地图范围都不会随之变化。

6．数据视图和布局视图的切换

ArcMap 有两种视图：

（1）数据视图。这是系统启动时的默认视图，该视图主要用于数据编辑，其中只显示数据内容，而不显示图框、比例尺、图例等非数据内容。

（2）布局视图。该视图主要用于最后出图排版，在该视图中可以绘制图名、图框、风玫瑰、比例尺、图例等。

点击地图窗口左下角工具条的【布局视图】按钮，切换到布局视图（图 2-11）。这是一幅图面要素完整的地图。

图 2-10　创建【查看器】窗口

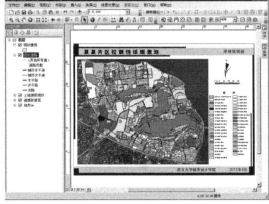

图 2-11　布局视图

7. 浏览布局视图

用【布局】工具条上的专用浏览工具 ▢▢▢▢▢ ▢▢ 浏览地图。如果界面上没有【布局】工具条,可以在任意工具条上点右键,在弹出菜单中选择【布局】。

然后用【工具】工具条 ▢▢▢▢▢▢▢▢▢▢ 上的缩小工具点击布局中的数据框(即地图内容),缩小图纸中地图的比例,注意观察比例尺同步发生的变化。

ArcMap 功能说明	🖐 两套浏览工具的区别 　　【布局】工具条上的工具针对的是整个布局页面,例如使用放大工具,整个地图图面(包括标题、图例、地图数据等)都会同时放大。而【工具】工具条上的工具仅仅针对布局中的数据框,即地图中的数据内容,对其他布局构件均无效,其目的是为了调整地图数据内容的大小、比例和位置。

8. 切回数据视图

点击地图窗口左下角工具条的【数据视图】按钮 ▢,切回到数据视图。可以看到数据视图与布局视图中的内容有很大的区别,布局视图中多了许多地图排版要素,但地图内容是一致的。

实践 2-3(续前,GIS 基础)ArcMap 中操作图层

实践概要　　　　　　　　　　　　　　　　　　　　　　　　表 2-3

实践目标	理解图层的含义,理解 ArcMap 地图用图层来组织图面信息的方式,掌握调整图层的方法
实践内容	关闭／显示图层 调整图层顺序 调整图层透明度 修改图层的渲色方式 更改图层名
实践数据	随书数据【\Chapter2\ 实践数据 2-1 至 2-7\】

地图中的数据内容非常多，GIS 通常分图层来组织这些内容，一个图层表示一类数据（如道路、地块、建筑等），这些图层叠加在一起形成一幅地图。

　　ArcMap 也是这样。界面左侧【内容列表】面板中的每一个结点都代表一个图层。图 2-6 中的【内容列表】告诉读者，这幅地图有 5 个图层，分别是【现状建筑】、【现状道路】、【土地使用现状】、【遥感影像图】和【地形 tin】。而地图窗口的内容是所有打开的图层叠加在一起显示的效果。

　　下面紧接之前的步骤，介绍图层的基本操作方法。

1．关闭／显示图层

　　■ 取消勾选 □ ☑ 现状建筑 前的小勾，该图层会被关闭，地图窗口中该图层的内容会立即消失；勾选 □ □ 现状建筑，该图层的内容会再次显示。

2．调整图层顺序

　　■ 鼠标左键选中【内容列表】面板中的【地形 tin】图层，按住左键不放，将该项拖拉至【土地使用现状】图层之上，然后松开左键。读者可以发现【地形 tin】的地图内容显示了出来，而【土地使用现状】的内容被它遮盖住了。

　　■ 请把【地形 tin】图层拖到【遥感影像图】图层下面，还原之前的效果。

ArcMap 功能说明	关于图层显示顺序 　ArcMap【内容列表】中图层的显示顺序是排在下面的图层先显示，排在上面的图层中的图形将叠在上面，将下面的图层的地图内容盖住，需要拖拉图层以调整显示顺序。

3．调整图层透明度

　　由于【土地使用现状】的内容盖住了【遥感影像图】，需要将【土地使用现状】调到半透明，以透出【遥感影像图】的内容。

　　■ 双击【土地使用现状】图层，或右键单击该图层选择【属性 ...】，弹出【图层属性】对话框。

　　■ 切换到【显示】选项卡（图 2-12），设置【透明度】栏为 30，意味着 30% 的透明度。

　　■ 点【确定】之后地块变得透明了，之前被它遮挡的【遥感影像图】的内容也可以看到了（图 2-13）。

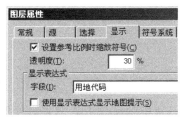

图 2-12　调整图层透明度　　　　图 2-13　调整图层透明度后的效果

4. 修改图层的渲色方式

请把地图缩放到图 2-13 所示区域。下面让我们更改地图中绿地的颜色。

■ 在【内容列表】面板中点击【土地使用现状】前的加号，展开该图层下面的信息，如图 2-14 所示。这些信息是该图层的图例，与地图窗口中的地块颜色——对应。

■ 单击【校内公共绿地】图例项，弹出【符号选择器】窗口（图 2-15）。

■ 点击【填充颜色】栏旁的下拉按钮，在颜色列表中选择深绿色。

■ 点【确定】完成设置。

之后会发现【内容列表】中的图例和【地图窗口】中的绿地地块颜色都更改为深绿色了。

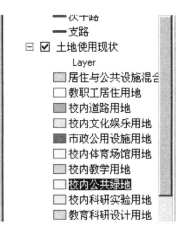

图 2-14 展开图层

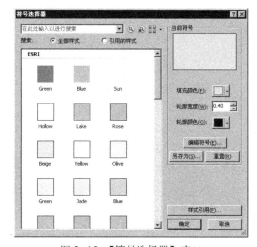

图 2-15 【符号选择器】窗口

5. 修改图层的名称

■ 左键点击【内容列表】中的【地形 tin】图层，使其为选中状态，然后再次左键点击它，即可编辑图层名，将其更改为【地形 TIN】。

实践 2-4（续前，GIS 基础）向地图中加载、卸载地理数据

	实践概要	表 2-4
实践目标	加载、显示、卸载 GIS 数据，理解图层和地理数据之间的关系	
实践内容	学习加载地理数据的两种方法 查看地图中已加载数据的存储位置 卸载地理数据（移除图层） 保存地图文档	
实践数据	随书数据【\Chapter2\ 实践数据 2-1 至 2-7\】	

对于现有地图，可以往其中添加 ArcMap 兼容的各类地理数据，亦可以从地图中把不需要的地理数据移除。紧接之前步骤，操作如下。

1．连接到地理数据所在目录

ArcMap 目录在初始情况下看不到 Windows 系统中的文件夹和文件，需要首先连接到它们。

■ 将鼠标移到主界面右侧的【目录】按钮上，旋即浮动出【目录】面板。

> **ArcMap 功能说明**
>
> 🔸 关于【目录】面板
> 　　ArcMap主界面右侧的【目录】浮动面板类似于Windows的资源管理器，在【目录】面板中可以添加、删除、移动文件夹、geodatabase、shapefile等数据。
> 🔸 关于【文件夹连接】
> 　　【文件夹连接】能够存储用户指定的文件夹路径，使用户能够更直接地访问这些文件夹中的数据。【文件夹连接】文件夹用于存放指向各个工作目录的快捷方式。

■ 右键单击面板下的【文件夹连接】文件夹，在弹出菜单中选择【连接文件夹...】（图 2-16），在弹出的【连接到文件夹】对话框中选择随书数据所在目录，连接后的【目录】面板如图 2-17 所示。

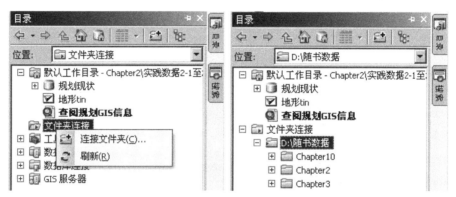

图 2-16　新建文件夹连接　　　　图 2-17　文件夹连接成功后

2．从【目录】面板加载地理数据（加载方法一）

■ 将鼠标移到主界面右侧的【目录】按钮上，将浮动出【目录】面板。展开该面板的【文件夹连接】项目，找到并展开【随书数据\Chapter2\实践数据 2-1 至 2-7\规划现状 .mdb\现状要素\土地使用现状】数据项。

■ 鼠标左键选中【土地使用现状】数据项，按住左键不放，将该项拖拉至【内容列表】面板的所有图层之上，然后松开左键。

■ 之后，【土地使用现状】作为一个图层出现在【内容列表】面板，同时其图像也会显示出来（图 2-18）。

3．用【添加数据】按钮加载地理数据（加载方法二）

■ 点击工具条上的【添加数据】按钮 ✛，弹出【添加数据】对话框（图 2-19）。此时对话框中显示的数据项是当前地图文档所在工作目录下的数据项。地图文档所在的工作目录是默认工作目录，这些数据项同时也可以在【目录】面板的【默认工作目录】下看到。

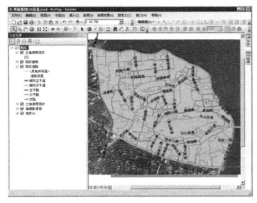

图 2—18　加载地理数据　　　　　　　　图 2—19　添加数据对话框

　　■ 点击【查找范围】旁的下拉按钮,在下拉列表中选择第 1 步连接的【文件夹连接＼随书数据】,然后一级级选择【Chapter2＼实践数据 2—1 至 2—7＼规划现状 .mdb＼现状要素＼土地使用现状】,点击【添加】按钮,【土地使用现状】就被作为一个图层出现在【内容列表】面板中,同时其图像也会显示出来。

ArcMap 功能说明	📖 图层的含义和作用 　　在ArcMap里,地理数据内容和数据表达是相对分离的,图层是地理数据在地图中的表达方式之一,对于同一份数据内容,可以通过图层任意多次加载,而每个图层可以有不同的表达方式,例如不同的名称、透明度、颜色、线宽等。而修改图层的属性,只是修改了对应数据的表达方式,而原始数据的内容并不会被改变。同理,当你作为图层加载了一份GIS数据,你只是引用了这份数据而已,并没有把数据内容拷贝到地图文件中。 　📖 图层的重复加载 　　ArcMap允许对同一份数据进行多次加载。上述两个【土地使用现状】图层和地图中原有的【土地使用现状】图层其实加载的都是同一份数据,但读者会发现它们的颜色不相同。其实这些图层分别表达了地理数据不同方面的属性(在下一章还会详细讲解如何调整图层的表达方式)。而这正是ArcGIS的强大之处。

4. 查看地图中已加载数据的存储位置

　　有时候需要查看【内容列表】面板中已加载图层的数据文件的位置,可以通过以下几种方式查看:

　　■ 右键点击刚加载的【土地使用现状】,在弹出菜单中选择【属性 ...】,弹出【图层属性】对话框,切换到【源】选项卡 (图 2—20),可以在【数据源】栏看到其位置。

　　■ 点击【内容列表】面板上部工具条的【按源列出】按钮 ,【内容列表】面板中的图层会变成按数据源分类列出 (图 2—21)。从中可以看到各个图层的数据所在的存储位置。

　　■ 点击【内容列表】面板上部工具条的【按绘制顺序列出】按钮 ,【内容列表】面板中的图层恢复成初始形态。

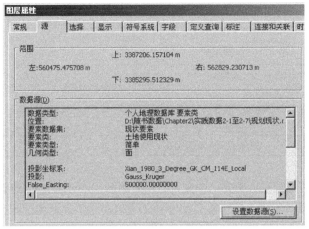

图 2-20 在【图层属性】中查看数据源

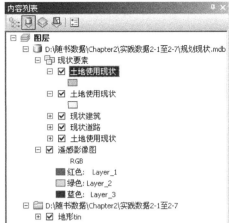

图 2-21 【内容列表】中的【按源列出】

5.从地图中移除图层

■ 在【内容列表】面板中，右键点击刚加载的【土地使用现状】，在弹出菜单中选择【移除】，这时该图层会即刻从【内容列表】面板中移除，同时其地图内容也会从地图窗口中消失。但是移除图层并不会删除地理数据。

6.保存＼另存为地图文档

■ 点击主工具条上的【保存】按钮▣，或点击菜单【文件】→【保存】，保存上述工作。

■ 点击菜单【文件＼另存为…】，弹出【另存为】对话框，将其保存在【2-1＼实践数据＼】文件夹下，文件名设置为【查阅规划 GIS 信息 2.mxd】。利用 Windows 资源管理查看该文件的大小会发现它非常小，不到 100kB。实际上这只是地图文件，不包含加载的任何图层的地理数据，这些数据仍然在原始位置，地图文件只是对它们加以引用而已。

> **ArcGIS 知识**
>
> ⬛ **地图文档及其和GIS数据的关系**
>
> ArcMap地图文档以".mxd"作为扩展名，查看地图文档的属性会发现该文档非常小。实际上地图文档中并不存放GIS数据，存放的只是图层数据和布局视图中的版面数据。GIS数据存放在数据库、GIS文件中，如【Chapter2＼实践数据2-1至2-7＼】文件夹下的【规划现状.mdb】数据库、【地形tin】文件等。这与AutoCAD用一个文件存放所有图面数据有较大区别。
>
> ArcMap中的地图结构是地图→图层→数据，一幅地图由若干图层组成，而每个图层都是某份数据内容的指定表达方式，且不包含数据本身。
>
> 所以，要特别注意的是当把地图文件拷贝到U盘或其他电脑时，如果不同时拷贝它引用的GIS数据，该地图文件是不会显示任何地图内容的。
>
> 另外，ArcGIS 10版本创建的mxd地图文档不能被ArcGIS 9.3、9.2、9.1等低版本打开，但ArcGIS 10能够打开ArcGIS 9.x创建的mxd地图文档。可以把ArcGIS 10的mxd地图文档存为低版本的地图文档，首先在ArcGIS 10中打开地图文档，然后在菜单栏中选择【文件＼保存副本（C）…】，将保存类型设置为低版本的地图文档类型。

实践 2-5（续前，GIS 基础）ArcMap 中查询地理信息

	实践概要	表 2-5
实践目标	查询地理数据中的属性信息，量测面积、长度，使用捕捉	
实践内容	学习用【识别】工具查询属性 学习用【测量】工具量测面积、长度 学习使用【捕捉】功能	
实践数据	随书数据【\Chapter2\ 实践数据 2-1 至 2-7\】	

对于地理数据，除了可以在地图窗口中查看它们的图形，还可以查看它们的属性，例如建筑的层数、年代、结构等。此外，还可以利用工具量测面积、长度。紧接之前步骤，操作如下。

1. 用【识别】工具查询属性

■ 点击【工具】工具条的【识别】按钮 ⓘ，启动查询工具。

■ 在地图窗口中，用鼠标左键点击任意一栋建筑，旋即弹出【识别】对话框（图 2-22）。从上部列表中可以看到点击的要素是【现状建筑】图层中的一栋建筑——老图书馆。而下部表格则列出了该建筑的各个属性，包括建筑层数、建筑风貌、建筑质量等。

> **ArcMap 技巧**
>
> ↓【识别】工具所针对的图层
> 　　由于ArcMap地图窗口中显示的内容是所有打开图层的地图内容的叠加结果，那么查询时点击的究竟是哪一个图层的要素对象呢？这是通过【识别】对话框的【识别范围】栏来进行控制的。图2-22显示为【<最顶部图层>】，表明上述查询时，对于点击位置涉及的所有图层，只查询位于最顶部的图层的要素对象。

■ 切换【识别范围】。点击【识别范围】栏旁的下拉按钮，选择【< 可见图层 >】（图 2-23），然后再次点击上一步骤点击的位置。得到查询结果，如图 2-24 所示，上部列表显示了 4 个可见图层位于查询位置的要素的属性。点击【土地使用现状】图层下的要素，下部属性表中会即刻显示该要素的各个属性。

■ 查询指定图层的要素对象的属性。点击【识别范围】栏旁的下拉按钮，选择【地形 tin】图层，然后再次点击上一步骤点击的位置。显示地表面的各个属性，包括 Elevation（高程）、Slope（坡度）等。

■ 批量查询。将【识别范围】设置为【现状建筑】，然后在地图窗口中按下鼠标左键不松，移动鼠标拉出一个矩形框，松开鼠标。之后，位于框内的建筑都会在【识别】对话框的上部列表中显示出来（图 2-25）。点选任意一个列表项，地图中对应的建筑会闪烁一次，同时下部表格会显示其属性。

■ 关闭【识别】窗口。

图2-22 【识别】对话框　　图2-23 切换识别范围　　图2-24 【识别】结果　　图2-25 批量识别

2．测量长度、面积

■ 点击【工具】工具条的【测量】按钮，启动【测量】对话框（图2-26）。

■ 点击【测量】对话框上部的相应工具，进行测量。这些工具分别是：

（1）测量距离 ，在地图窗口中点击鼠标左键开始绘制测量线，双击左键结束绘制，之后会显示长度。

（2）测量面积 ，在地图窗口中点击鼠标左键开始绘制测量多边形，双击左键结束绘制，之后会显示面积。

（3）测量要素 ，在地图窗口中选择要量算的要素，之后会显示该要素的周长和面积。

（4）累加 ，按下该按钮后，再进行的量算会显示累加长度或面积。

（5）清除测量结果 。

3．使用捕捉精确测量

在测量时如果需要精确捕捉一些特征点（如端点、垂点）时，需要启动ArcMap的捕捉功能，之后当鼠标接近这些点时会自动把光标移动到这些点所在位置。

■ 打开【捕捉】工具条。在任意工具条上点右键，显示工具条列表，从中勾选【捕捉】，随即显示出【捕捉】工具条（图2-27）。

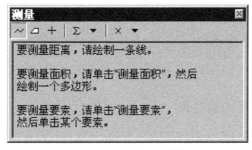

图2-26 【测量】对话框

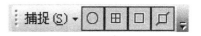

图2-27 【捕捉】工具条

■ 点击【捕捉】工具条上的 捕捉(S)▾ 按钮，从下拉菜单中勾选【使用捕捉】以启动捕捉功能（图 2-28）。之后再测量时，当鼠标接近要素时会自动移到最近的特征点上，并同时在点旁标出捕捉到的是什么对象上的什么特征点。

■ 高级捕捉。【捕捉】工具条和 捕捉(S)▾ 下拉菜单中有一系列按钮，图 2-28 示意了这些按钮的含义，按下按钮则代表捕捉这类对象。点、端点、折点、边这四类捕捉的按钮是默认按下的。点击按下的按钮，按钮会弹起，相应的捕捉则会取消。

有时候不需要捕捉功能太灵敏，这时可以点击【捕捉】工具条上的 捕捉(S)▾ 按钮，从下拉菜单中选择【选项...】，在【捕捉选项】对话框中把【容差】调到【5】或更小（图 2-29）。这样只有光标位于捕捉点附近 5 个像素之内的时候才会启动捕捉。

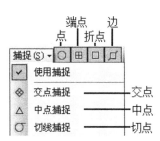

图 2-28 【捕捉】工具条的功能

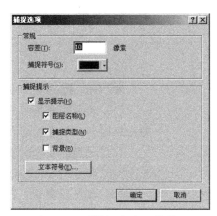

图 2-29 【捕捉选项】对话框

实践 2-6（续前，GIS 基础）ArcMap 中用属性表查看、查找信息

实践概要　　　　　　　　　　　　　　　　　　　　表 2-6

实践目标	学习在 ArcMap 属性表中查看、查找信息
实践内容	打开、关闭图层的属性表 表和图形互查 表的排序 从表中查找指定记录 按属性组合查询 统计表中某个字段 分类汇总表中某个字段
实践数据	随书数据【\Chapter2\ 实践数据 2-1 至 2-7\】

ArcMap 还可以以表格的形式一次性显示某个图层的所有要素的属性，并进行排序、统计等。

1. 打开、关闭图层的属性表

■ 在【内容列表】面板中，右键单击【现状建筑】图层，在弹出菜单中选择【打开属性表】，显示【表】对话框（图 2-30），它以表格形式列出了【现状建筑】

所有要素的属性。

■ 鼠标左键按住表的标题栏不松，将表拖拉至内容列表下方，以免遮挡地图窗口（图2-31）。

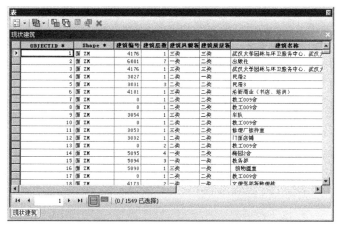

图2-30 【表】对话框　　　　　　图2-31 调整【表】的位置

■ 类似地，打开【现状道路】图层的属性表。这时会在之前的【表】窗口底部多出一个选项卡【现状道路】（图2-32）。如果点击【现状建筑】选项卡则会切回到【现状建筑】属性表。

■ 关闭【现状道路】属性表。右键点击【现状道路】选项卡，选择【关闭】。

2. 表和图形互查

表中的每一行都对应一个要素对象，并可以在地图中定位到该要素。

■ 右键点击任意行第一列上的按钮会弹出右键菜单（图2-33），选择【平移至】菜单项，随即会发现地图窗口会平移至该对象所在位置，并用十字线指明该对象。【缩放至】菜单项也有相同的效果，并会缩放地图窗口使对应要素撑满屏幕。这在寻找属性表对应的要素时非常有用。

图2-32 打开多个属性表　　　　　图2-33 表行右键菜单

3. 表的排序

为了方便信息浏览，需要对表的某些字段进行排序。

■ 单准则排序。右键点击表头上的【建筑风貌】项，在弹出菜单中选择【升序排列】（图 2-34），之后整个表都会以【建筑风貌】为序，重新排列。

■ 多准则排序。右键点击表头上的【建筑风貌】项，在弹出菜单中选择【高级排序 ...】，会弹出【高级表排序】对话框（图 2-35），设置次排序方式为【建筑年份】和【建筑质量】。排序后可以将建筑风貌最好、年份最早、质量最好的建筑放在表的最上部。

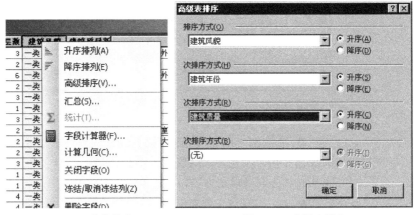

图 2-34　表的排序　　　　　　　　　图 2-35　高级表排序

4. 从表中查找指定记录

■ 点击【表】对话框上部工具条的【表选项】下拉按钮，在下拉菜单中选择【查找和替换 ...】（图 2-36），显示【查找和替换】对话框（图 2-37），在【查找内容】栏输入【老图书馆】，点击【查找下一个】按钮，从表中查找对应记录。

图 2-36　【表选项】下拉菜单　　　　图 2-37　【查找和替换】对话框

5. 按属性组合查询

对于【现状建筑】图层，组合查询可以查得类似"建筑质量良好、建于 1931~1949 年间"的所有建筑。操作如下：

■ 点击【表】对话框上部工具条的【表选项】下拉按钮 ▦ ▾，在下拉菜单中选择【按属性选择 ...】(见图 2-36)，弹出【按属性选择】对话框 (图 2-38)。

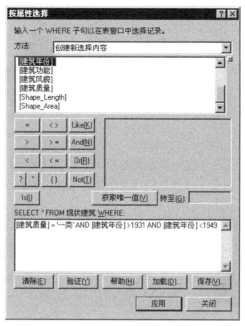

图 2-38　【按属性选择】对话框

■ 点击【建筑质量】属性，然后点击【获取唯一值】按钮，将显示【建筑质量】属性的所有值。

■ 双击【建筑质量】属性，会将该属性添加到下部的条件栏中。然后点击【等于号】按钮 ▭ ，添加等于号到条件栏中，最后在唯一值中双击【′一类′】，从而构建了一个表达式 "【建筑质量】 = ′一类′"。

■ 点击按钮 And(N)，添加【AND】符号到条件栏，意味着除了之前的条件，还必须满足后面的条件。

■ 在条件栏中的 AND 之后手工输入 : [建筑年份] > 1931 AND [建筑年份] <1949，从而构建了一个完整的查询条件，如图 2-38 所示。

■ 点击【应用】按钮，应用上述查询。表中符合该条件的行将会被选中。

■ 显示所选记录。点击【表】对话框底部的【显示所选记录】按钮 ▦，将隐藏未被选中的记录，仅显示选中的记录。按钮旁的文字显示 1549 栋建筑中有 30 栋建筑符合条件。若要显示所有记录请点击【显示所有记录】按钮 ▦。

■ 使用前面介绍的【平移至】、【缩放至】工具，查看这些记录对应的图形。

6. 统计汇总

对于【现状建筑】，利用统计功能，可以迅速查得总建筑量有多少，各种功能的建筑面积有多少。操作如下 :

■ 统计总建筑量。【表】对话框中，右键点击【Shape_Area】表头，在弹出菜单中选择【统计 ...】，会弹出【统计数据 现状建筑】对话框 (图 2-39)，其中【总和】项列出了【Shape_Area】字段所有值的总和，由于【Shape_Area】

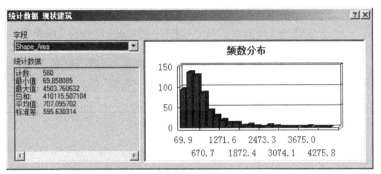

图2-39 统计总建筑量

字段记录了建筑多边形的面积，因此【总和】即为总建筑面积。从该对话框中还可以查看【计数】、【最小值】、【最大值】等信息。

ArcMap 功能说明	⚓ 属性表中的【Shape_Area】、【Shape_Length】字段
	地理数据库中，属性表的【Shape_Area】、【Shape_Length】是ArcGIS自动生成并维护的字段，【Shape_Area】是面要素类特有字段，代表面要素的面积，【Shape_Length】是线、面要素类特有字段，代表线要素的长度或面要素的周长。当对线或面要素进行编辑后，这两个字段会自动更新。

■ 按【建筑功能】分类汇总各类建筑的面积。【表】对话框中，右键点击【建筑功能】表头，在弹出菜单中选择【汇总...】，弹出【汇总】对话框（图2-40）。展开【汇总统计信息】栏中的【Shape_Area】项，勾选其下的【总和】子项，意味着将按【建筑功能】字段分类汇总【Shape_Area】，即建筑面积。在【指定输出表】栏设置汇总表存放的位置，点【确定】执行汇总，当弹出对话框询问【是否要在地图中添加结果表】时，选择【是】。

之后会在【内容列表】面板的【按源列出】方式中看到这份汇总表，打开该表后，可以看到分类汇总的结果（图2-41）。

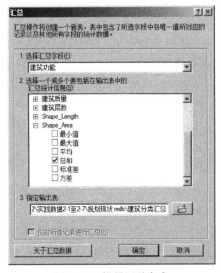

图2-40 设置汇总方式

图2-41 汇总结果

实践 2-7（续前，GIS 基础）ArcMap 中输出地图

实践概要　　　　　　　　　　　　　　　　　　　表 2-7

实践目标	将地图导出成图片，打印地图
实践内容	将地图输出成图片格式 打印地图
实践数据	随书数据【\Chapter2\ 实践数据 2-1 至 2-7\】

1. 输出成图片格式

有时候需要输出成图片格式，以供 PhotoShop、ACDSee 等图片软件查看、加工和共享。

■　导出当前数据视图。将地图窗口设置为【数据视图】。点击菜单【文件 \ 导出地图 ...】，显示【导出地图】对话框，设置【保存类型】为【PNG（*.png)】、【分辨率】设为 300（图 2-42），点【保存】按钮，即可保存为 PNG 图片文件。用其他图片查看软件查看导出的图片，可以看到它是当前地图窗口的内容。

■　导出当前布局视图。将地图窗口设置为【布局视图】。操作同上。查看图片可以看到导出的图片是地图版面内的内容，超出版面的地图内容将不会被打印。

2. 无比例打印

规划工作中经常需要临时输出一些图纸，而不需要关系到出图比例。这时可以简单设置后，无比例打印。如果是在数据视图下打印，打印的将是地图窗口范围内显示的地图内容，如果是在布局视图下打印，打印的将是地图版面内的内容，超出版面的地图内容将不会被打印。

■　如果是在数据视图下，缩放到准备打印的区域。如果是在布局视图下，无须缩放。点击菜单【文件 \ 页面和打印 ...】，显示【页面和打印设置】对话框（图 2-43）。

图 2-42　【导出地图】对话框　　　　　图 2-43　【页面和打印设置】对话框

■ 选择打印机，然后在【地图页面大小】栏，取消勾选【使用打印机纸张设置】。在【纸张】栏设置纸张大小为 A4。设置完成后如图 2-43 所示。

ArcMap 技巧	⚓ 打印设置技巧 　请一定要先取消勾选【使用打印机纸张设置】，然后再设置纸张大小，否则布局视图的版面大小会调整为纸张的大小，从而导致布局视图的变化。当然，有特殊需求的除外。 　此外，请一定不要勾选【根据页面大小的变化按比例缩放地图元素】，这会导致布局视图中的图框、比例尺、图例等图面元素的大小的变化，且不可逆。当然，有特殊需求的除外。

■ 点击【确定】完成打印设置。

■ 点击菜单【文件 \ 打印 ...】，显示打印窗口。在【平铺】栏选择【缩放地图以适合打印机纸张】。点【确定】开始打印。

3. 按比例打印

规划工作有时候需要按照一定的比例尺精确打印，以方便在纸质图上量算，这时需要按照比例尺打印。这时只能在布局视图中打印。

■ 切换到布局视图，在【工具】栏设置图纸比例尺为 1：10000 ✛ ▾ | 1:10,000 ▾ |（可在下拉菜单中选择预先设置好的比例，也可以手工输入），地图窗口也随即缩放到该比例。平移到需要打印的区域。

■ 点击菜单【文件 \ 页面和打印 ...】，显示【页面和打印设置】对话框。选择打印机，然后在【地图页面大小】栏，取消勾选【使用打印机纸张设置】。在【纸张】栏设置纸张大小为 A4。点击【确定】完成打印设置。

■ 点击菜单【文件 \ 打印 ...】，显示打印窗口。在【平铺】栏选择【将地图平铺到打印机纸张上】。然后从右侧的示意图可以看到，需要 4 张 A4 纸拼接在一起才可以容纳下该比例尺的图纸（图 2-44）。ArcMap 会自动分成 4 张纸打印。

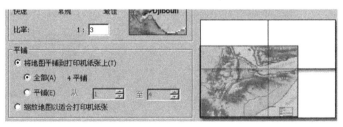

图 2-44　打印示意

■ 点【确定】开始逐张打印。

2.3　用ArcScene查阅三维规划信息

ArcGIS 提供了强大的三维场景构建和查询软件 ArcScene。可以使规划师一目了然地看到建筑、地形、用地之间的关系，特别是对于有地形高低起伏的基地。

实践 2-8（续前，GIS 基础）使用 ArcScene

实践概要		表 2-8
实践目标	了解 ArcScene，感受 3D 场景模拟在规划中的作用	
实践内容	认识 ArcScene 界面 学习 ArcScene 中的场景漫游工具 在 ArcScene 中操作图层 在 ArcScene 中查询信息，测量长度、面积	
实践数据	随书数据【\Chapter2\ 实践数据 2-8\】	

1. 启动 ArcScene10

■ 点击 Windows 任务栏的【开始】按钮，找到【所有程序】→【ArcGIS】→【ArcScene 10】程序项，点击启动该程序，会弹出【ArcScene- 启动】对话框。

■ 点击左侧面板的【浏览更多 ...】项，选择随书数据【Chapter2\ 实践数据 2-8\ 查阅 3D 规划信息 .sxd】（注：ArcScene 的文件名后缀是 sxd），之后会显示 ArcScene 主界面和地图内容（图 2-45）。

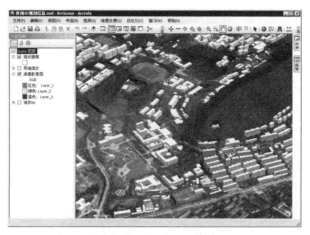

图 2-45 ArcScene 界面

从界面来看 ArcScene 与 ArcMap 是基本相同的，不同的是 ArcScene 地图窗口中显示的内容是三维场景。

这个场景与上一节 ArcMap 中使用的示例数据是一样的，不同的是，ArcMap 中是二维平面地图，而在 ArcScene 中设置成三维立体场景。很显然，在 ArcScene 中同样的信息显得更加生动。

2. 浏览场景

ArcScene 提供了一系列 3D 漫游的工具（图 2-46）。

图 2-46 3D 漫游工具

（1）导航工具💠。选择该工具后，滚动鼠标滑轮可以放大、缩小，按住鼠标左键拖拉可以旋转图形，按住鼠标右键拖拉也可以放大、缩小，按住鼠标滑轮或中键拖拉可以平移图形。

（2）飞行工具➤。

（3）目标处居中💠。选择该工具后，在地图窗口中点击要观测的目标对象，之后视图会自动漫游到该目标，并使目标位于视图中央。

（4）缩放至目标🔍。选择该工具后，在地图窗口中点击要观测的目标对象，之后视图会自动缩放到该目标。

（5）设置观察点💠。用💠或🔍设定了观测目标后，选择该工具，并在视图中点击确定观察点的位置。之后视图会自动转换到从观察点看目标点的视角。

（6）放大、缩小、平移、全图工具🔍 🔍 ✋ 🌐。与 ArcMap 中的功能相同，不再赘述。

3. 操作图层

ArcScene 操作图层的方法与 ArcMap 完全相同。

■ 显示／关闭图层。在【内容列表】面板中，勾选【用地现状】图层前的小勾，该图层被打开，该图层的地图内容会显示在地图窗口中；取消勾选【遥感影像图】图层前的小勾关闭该图层。这时可以看到一幅三维的用地现状图（图2-47）。

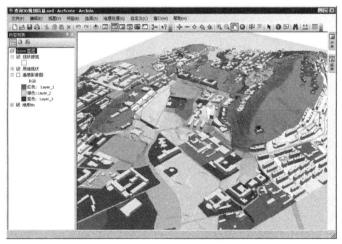

图 2-47　三维用地现状图

■ 调整图层顺序。鼠标左键选中【内容列表】面板中的【地形 tin】图层，按住左键不放，将该项拖拉至【现状建筑】图层之上，然后松开左键。

ArcScene 技巧	⬇ 关于ArcScene中的图层顺序 　　与ArcMap中图层顺序调整后的结果不同，读者会发现【地形tin】的地图内容仍然不可见，被【用地现状】和【现状建筑】图层遮住。这时由于在3D环境下，尽管排在【内容列表】上面的图层中的图形将最后绘制，遮盖住下面的图层，但是从空间的角度讲，它并不会遮盖住空间上位于其上部的地理要素。

4. 查询信息

ArcScene 查询信息的方法与 ArcMap 基本相同。

■ 用【识别】 ⓘ 工具查询信息。点击【工具】工具条的【识别】按钮 ⓘ，启动查询工具。在地图窗口中，用鼠标左键点击任意一栋建筑，旋即弹出【识别】对话框，显示该处的地理信息。对于【识别】工具的详细操作方法与 ArcMap 完全相同，参见实践 2-5，不再重复介绍。

■ 在【内容列表】面板中，右键单击【现状建筑】图层，在弹出菜单中选择【打开属性表】，显示【表】对话框，列出了【现状建筑】所有要素的属性。对属性表的查询与 ArcMap 完全相同，参见实践 2-6，不再重复介绍。

■ 测量长度、面积、坐标，点击【工具】工具条的【测量】按钮 🗁，启动【测量】对话框（图 2-48）。

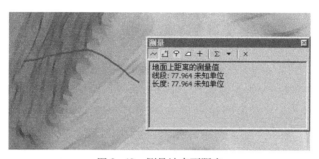

图 2-48　测量地表面距离

> **ArcScene 功能说明**
>
> ⏷ 关于ArcScene中的测量工具
>
> 　　ArcScene与ArcMap的测量工具基本相同，不同的是，这里测量的是地表面的长度、面积。图2-48示例了测量山体地面距离时，两点之间的连线自动贴合到山体地表面上的效果。

2.4　本章小结

当你读到这里时要恭喜你！因为对于 ArcGIS 这个庞大的系统，你已经入门了。当你面对一份来自规划部门、国土部门、测绘部门的 GIS 数据，你将能够从容地打开一份地图文件，加载你所需要的数据，自如地查阅它们，获取你所要的信息，打印成纸质图纸。如果你对此还没有自信，请反复练习，熟练掌握本章的技能，因为这些是最基本的 ArcGIS 操作。

让我们再回顾一下本章讲解的 ArcGIS 基本操作：如果面对的是一份二维 GIS 地图，用 ArcMap 打开它，然后用浏览工具、鼠标滑轮、快捷键来浏览它；通过关闭／显示图层、调整图层顺序、更改图层透明度／颜色等来调整地图窗口显示的地图内容，从而把关心的地图内容以最佳的方式呈现在地图窗口中；利用图层加载一份新的 GIS 数据，从而查看它的地图内容；用【识别】工具和属性表查看图面背后的属性数据；最后将地图打印出来或输出成图片。

如果面对的是一份三维 GIS 地图，请用 ArcScene 来查阅它，操作与

ArcMap 基本类似，只是多了三维浏览的工具。

练习 2-1：浏览规划数据

请打开随书光盘中的地图文件【随书数据 \Chapter2\ 实践数据 2-1 至 2-7\ 查阅规划 GIS 信息 .mxd】。利用【工具】工具条中的放大、缩小、平移等工具，将地图窗口中的显示范围调整到图 2-49 所示区域。

创建一个查看器窗口，利用快捷键将该窗口中的显示范围调整到图 2-49 所示区域。

利用鼠标滑轮，将地图窗口中的显示范围调整到和查看器窗口一致。

比较三种地图浏览方式的不同，找到适合自己的操作方式，并反复练习直至达到熟练程度。

练习 2-2：操作图层

请打开随书光盘中的地图文件【随书数据 \Chapter2\ 实践数据 2-1 至 2-7\ 查阅规划 GIS 信息 .mxd】。

连接到该地图文档所在目录。用【添加数据】按钮加载【随书数据 \Chapter2\ 实践数据 2-1 至 2-7\ 规划现状 .mdb\ 现状要素 \ 现状建筑】。

从【目录】面板加载栅格图像【随书数据 \Chapter2\ 实践数据 2-1 至 2-7\ 规划现状 .mdb\ 步行至主入口时间（分钟）】，放置在【内容列表】中所有图层的顶部。

卸载地图中原有的【现状建筑】图层。

调整【步行至主入口时间（分钟）】的颜色为橘红色带。

以及【内容列表】面板中相关图层的顺序，及【现状建筑】和【现状道路】的透明度。

最终请达到如图 2-50 所示的一幅便于查看交通可达性的图面效果。图中颜色越深代表步行至片区主入口的时间越长。

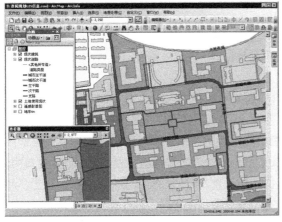

图 2-49　浏览练习

图 2-50　操作图层练习

练习2-3：地理信息查询

请打开随书光盘中的地图文件【随书数据\Chapter2\实践数据2-1至2-7\查阅规划GIS信息.mxd】。

漫游到图2-51所示地图范围。请查询图面中间的独栋建筑的名称和建筑年代，并通过【地形tin】图层查询该建筑的基地高程。

利用捕捉工具，准确测量该建筑的面宽、基底面积。

练习2-4：通过属性表查询地理信息

请打开随书光盘中的地图文件【随书数据\Chapter2\实践数据2-1至2-7\查阅规划GIS信息.mxd】。

打开【现状建筑】的属性表。通过对【建筑编号】字段排序，从表中迅速找到建筑编号为【2010】的建筑。利用【缩放至】工具，迅速从地图窗口中找到该建筑。

从表中利用【查找和替换】工具查找【数学与统计学院】，并用【平移至】工具从地图窗口中找到该建筑。

打开【现状道路】的属性表。利用【按属性选择】工具，找到车流量和人流量均很大的主干道。

练习2-5：浏览三维规划数据

请打开随书光盘中的【随书数据\Chapter2\实践数据2-8\实践数据\查阅3D规划信息.sxd】。

利用浏览工具漫游到图所示视角，显示／关闭相关图层，使地图窗口显示图2-52所示信息内容。

利用查询工具查得图中部的建筑名称、建筑年代。

打开【用地现状】图层，查询上述建筑所在用地的用地性质。

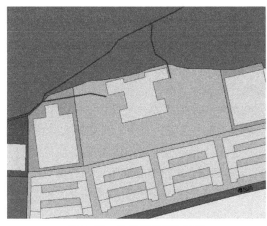

图2-51　地理信息查询练习

图2-52　浏览三维规划数据练习

第3章　城乡规划地理数据的可视化——GIS数据类型及其可视化

通过上一章的学习你已经可以从容地打开、查阅各类 GIS 数据了，但是，这些数据的表达方式并不一定符合你的要求，例如色彩、形状等。你还需要通过一些合适的可视化方法来更加有效地展示这些地理信息。

可视化，顾名思义就是将那些不好理解的数字、文字等信息用图形、图像的方式直观而生动地显示出来。

可视化在地理世界里是一种非常重要的表达方式，从最古老的纸质地图到现在的电子地图、虚拟现实，都是地理信息可视化的典型代表，且是表达地理信息最有效的方式，例如当你描绘你的家乡时，与其告诉人家它有几条干道、几条河、几座山，还不如打开一幅电子地图来得直接、直观。

本章将详细讲解地理信息可视化的两种主要手段——符号化和标注，正是通过它们才能够把地理数据变成一幅幅生动的图纸。此外，还将补充介绍一些其他常用的可视化方法。通过本章的学习，将掌握以下知识或技能：

- 地理数据的三种主要类型：矢量数据、栅格数据和不规则三角网数据；
- 矢量数据的【唯一值】、【分级色彩】、【比例符号】符号化；
- CAD 矢量数据的符号化；
- 栅格数据的【RGB 合成】、【唯一值】、【拉伸】、【已分类】符号化；

- 不规则三角网数据的【高程】、【坡度】等类型符号化；
- 三种标注方法：自动标记、Geodatabase 注记和地图注记；
- 三维可视化；
- 利用动画的动态可视化。

3.1 GIS数据类型

让我们首先来看看要可视化的地理数据类型有哪些，不同类型的地理数据有不同的可视化方法。

作为规划师，我们面对的地理数据类型主要有三种：一是高精度的点、线、面数据，二是表现力十足的图片数据，三是能给人直观感受的三维场景数据。目前，我们通常用不同的软件处理不同类型的数据，例如用 AutoCAD 处理点、线、面数据，用 PhotoShop 处理图片数据，在 3ds Max 中处理三维地形。但是在 GIS 环境下，它是如此的强大，以至于它把这三种类型的数据通吃了。不得不承认，我们需要付出更多的代价来掌握它，但它的强大为规划研究提供了更多便利。

在 GIS 领域，这三种数据类型分别被称为矢量数据、栅格数据和不规则三角网数据。由于不同的数据类型有不同的存储、显示、编辑方式，接下来，让我们用一个实践来认识这三种数据。

实践 3-1（GIS 基础）在 ArcGIS 中初步认识三类 GIS 数据

实践概要 　　　　　　　　　　　　　　　　　　　　　　　　　　表 3-1

实践目标	初步认识矢量、栅格、三角网三类 GIS 数据，了解其存储方式、数据内容和表达形式
实践内容	在【目录】面板中识别矢量、栅格、三角网三类 GIS 数据，以及 CAD 数据 加载并查看矢量数据，掌握要素、要素类、要素数据集的概念 加载并查看栅格数据，认识离散栅格、连续栅格和影像栅格，了解栅格金字塔的作用和原理 加载并查看三角网数据
实践数据	随书数据【\Chapter3\ 实践数据 3-1 至 3-8\】

1. 查看各种类型数据的存储方式

- 启动 ArcMap。
- 在【目录】面板中连接文件夹【\ 随书数据 \Chapter3】（连接文件夹的操作详见实践 2-4）。
- 查看【目录】面板中的文件夹【\ 随书数据 \Chapter3\ 实践数据 3-1 至 3-8】，该文件夹包含了 GIS 的三大类数据，①矢量数据：地理数据库中的要素类、ShapeFile 文件格式的要素类；②栅格数据：地理数据库中的栅格数据和文件格式的栅格数据；③三角网数据，以及 GIS 支持的 CAD 数据。

在【目录】中，不同的数据类型有不同的图标（图 3-1），用 Windows 资源管理器打开对应的物理文件夹【\ 随书数据 \Chapter3\ 实践数据 3-1 至 3-8】(图 3-2)，对比这些数据与【目录】中数据的存储方式,会发现存在较大的区别（参见表 3-2）：

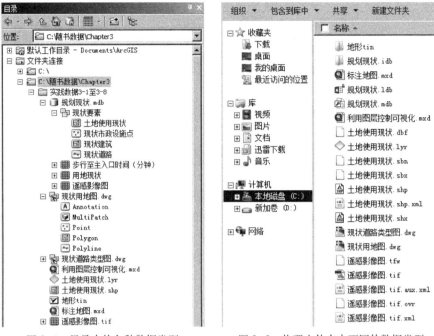

图 3-1　目录中的各种数据类型　　　　图 3-2　物理文件夹中不同的数据类型

数据在 ArcGIS【目录】面板中的表达方式及其物理存储方式　　　　　　表 3-2

数据类型		【目录】中的显示方式	物理存储方式	说明
个人地理数据库		规划现状.mdb	规划现状.idb 规划现状.mdb	存储于 Microsoft Access 数据文件内，通常单机使用，最大存储 2GB 的数据
文件地理数据库		规划现状.gdb	规划现状.gdb	以文件夹形式存储，通常单机使用，最大存储 1TB 的数据
ArcSDE 地理数据库		规划现状.sde	存放于服务器的关系数据库中	通过 ArcSDE 空间数据库引擎存储于大型关系数据库中，基于网络支持多用户并发编辑，存储能力不受限制
要素数据集		现状要素	存放于地理数据库中	—
地理数据库中的矢量数据	面状要素	土地使用现状	存放于地理数据库中	—
	线状要素	现状道路		
	点状要素	现状市政设施点		
ShapeFile 格式的矢量数据	面状要素	土地使用现状.shp	土地使用现状.shx 土地使用现状.shp.xml 土地使用现状.shp 土地使用现状.sbx 土地使用现状.sbn 土地使用现状.dbf	ESRI 公司早期开发的一种非拓扑矢量数据开放格式，目前仍用于数据交换。一个 ShapeFile 文件最少包括三个文件：主文件 *.shp、索引文件 *.shx、dBASE 表文件 *.dbf。复制或移动时必须同时复制或移动
	线状要素	现状道路.shp		
	点状要素	现状市政设施点.shp		

续表

数据类型	【目录】中的显示方式	物理存储方式	说明
地理数据库中的栅格数据	遥感影像图	存放于地理数据库中	如果存于个人地理数据库，则并不放在 mdb 文件中，而是放在 .idb 后缀的文件夹中
文件方式存放的栅格数据	遥感影像图.tif	遥感影像图.tfw 遥感影像图.tif 遥感影像图.tif.aux.xml 遥感影像图.tif.ovr 遥感影像图.tif.xml	*.tif 是 TIF 格式的图像文件，*.tfw 是关于 TIF 影像坐标信息的文本文件，*.ovr 存储了栅格金字塔数据
三角网数据	地形tin	地形tin	—
CAD 数据	现状用地图.dwg A Annotation MultiPatch Point Polygon Polyline	现状用地图.dwg	ArcGIS 自动将 CAD 数据识别成点、线、面、注记、多面体五个要素类，可分别加载

2. 认识矢量数据

■ 加载【\ 随书数据 \Chapter3\ 实践数据 3—1 至 3—8\ 规划现状 .mdb\ 现状要素】下的矢量要素类【土地使用现状】,地图窗口中显示的地图内容如图 3—3 所示。可以看到这是一系列由封闭多边形构成的面，同时由于没有进行符号化设置，所以这些面默认显示相同的颜色。

■在【内容列表】面板中，右键单击【土地使用现状】图层，在弹出菜单中选择【打开属性表】,显示该要素类的属性表,可以看到一系列属性（图 3—4）。双击属性表中任意一行最左端的方块, 地图窗口会缩放至该行属性对应的空间对象，可见矢量要素类中的每一个要素对应属性表中的一行记录。

图 3—3 土地使用现状矢量图　　　　图 3—4 土地使用现状属性表

> **GIS 基础知识**
>
> 📥 **GIS矢量数据**
>
> GIS矢量数据采用一系列x、y、z坐标用来存储信息，包括点、线、面三种基本对象类型，点对象由单个坐标对组成，线对象由首尾两个坐标对和中间拐点的坐标对组成，而面是由围合它的一组拐点的坐标对构成，代表一个闭合的区域（图3-3）。
>
> GIS除了存储矢量数据的几何信息，还用属性表（图3-4）来存储每个对象的属性信息（例如图3-4中的用地代码和用地性质属性），每一个几何对象对应属性表中的一行记录，它们之间通过一个特殊属性OBJECTID关联在一起。
>
> GIS称每一个具体的对象（例如一个点、一条线）为要素，同类的所有要素存放在一个要素类中，它们具有相同的几何类型和属性定义，代表一类地理对象。如图3-1中的【土地使用现状】、【现状道路】、【现状建筑】都是不同的要素类，具有不同的属性，分别代表地块、道路、建筑，其中地块和建筑是面类型、道路是线类型。一个要素类只能存储一种几何类型的要素，绝对不能同时存放几种类型的要素，如点要素和面要素。

3. 认识栅格数据

规划经常遇到的栅格有离散栅格、连续栅格，以及由多个波段连续栅格合成的影像栅格，下面分别加以介绍：

■ 加载栅格数据集【\ 随书数据 \Chapter3\ 实践数据 3-1 至 3-8\ 规划现状 .mdb\ 用地现状】，这是一幅离散栅格，加载后如图 3-5 所示，放大到局部，如图 3-6 所示，可以看到它是由不同颜色的像元组成。打开属性表，查看属性（图 3-7）。

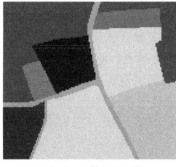

图 3-5　离散栅格　　　　　图 3-6　离散栅格局部　　　　　图 3-7　离散栅格的属性表

> **GIS 基础知识**
>
> 📥 **栅格数据**
>
> 栅格数据是一种用规则排列的像元阵列来表达地理对象的数据模型。栅格数据中，对空间实体的最小表达单位为一个像元，每个像元都有自己的值。
>
> 📥 **离散栅格**
>
> 离散栅格是像元值不连续的栅格。例如，0、1、2到255的整数就是离散数值，因为两个整数之间没有小数，之间的过渡是不连续的，相反，如果允许的数值范围内，一个值可以平滑地过渡到另一个值，则是连续的，例如从0到1之间如果允许任意位数的小数则它是连续的。
>
> 离散栅格的值是有限的，例如从图3-7中可以看到【用地现状】的值总共有32个，这些值存放在【Value】字段中，【Count】字段存放了每个值对应的像元个数，例如第一行表示值为1的像元个数有8378个。对于离散栅格，同时也仅对于离散栅格，每个值可以关联到多个属性，例如从图3-7可以看到【用地现状】栅格关联了【用地性质】属性，从而使得值的含义得以明确，例如第一行值为"1"代表用地性质为"校内商业用地"。

■　加载栅格数据集【\ 随书数据 \Chapter3\ 实践数据 3-1 至 3-8\ 规划现状 .mdb\ 步行至主入口时间（分钟）】，这是一幅连续栅格。加载时会弹出对话框询问是否创建金字塔（图3-8），选择【是】进行构建，加载后如图3-9所示，可以看到这是一幅颜色平滑过渡的图像。如果你试图查看其属性表，你会发现右键菜单中的【打开属性表】选项被禁掉了。

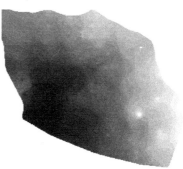

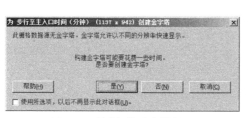

图 3-8　创建栅格金字塔提示　　　　　　图 3-9　连续栅格

GIS 基础知识

🔲 **连续栅格**

　　如果一幅栅格数据的数值范围允许从一个值平滑地过渡到另一个值，从而形成连续的表面或区域，则为连续栅格。例如本实践的连续栅格【步行至主入口时间（分钟）】中每个栅格像元的值代表该地点步行到主入口的时间，以分钟计。数字高程模型（DEM）也是一种常见的连续栅格，每个像元的值代表该点的地面高程。

　　由于连续栅格的数值个数是无限的，因而它没有属性表。

🔲 **栅格金字塔**

　　栅格金字塔模型通过分层来保存不同细节的数据，最底层的数据是原始数据集；从底层开始，在每层的基础上生成上一层金字塔数据，新的金字塔中像元是下层多个相邻像元的综合，因而分辨率会降低，但数据量仅仅是下一层数据的几分之一，且仍然是一幅完整的图像，以此类推，直到最上面一层的数据量达到了内存所允许的范围或者更小的数据尺寸。金字塔模型提高了图像的实时缩放显示速度，快速获取不同分辨率的图像信息，根据不同的显示要求调用不同分辨率的图像，达到快速显示漫游的目的。

■　加载栅格数据集【\ 随书数据 \Chapter3\ 实践数据 3-1 至 3-8\ 规划现状 .mdb\ 遥感影像图】，这是一幅多波段的影像栅格（图3-10）。在【内容列表】面板中展开它，可以看到它由红、绿、蓝三个波段组成（图3-11）。它也是连续栅格，因而也没有属性表。

图 3-10　影像栅格　　　　　　图 3-11　影像栅格的三个波段

■ 打开【遥感影像图】的属性，切换到【符号系统】选项卡，关掉【绿色】、
【红色】通道（图3-12），点【应用】后可以看到一幅单波段的影像栅格。

图3-12　影像栅格的图层属性

> **GIS基础知识**
>
> ♦ 影像栅格
>
> 　影像栅格通常是航拍照片或卫星影像，它包含多个波段的数值阵列。彩色影像通常包含红色、绿色和蓝色波段，每个波段的像元值代表通过地面反射回来的光的亮度，各个波段中的数值混合在一起就定义了其颜色。

4. 认识不规则三角网（TIN）

■ 加载不规则三角网【\ 随书数据 \Chapter3\ 实践数据 3-1 至 3-8\ 地形 tin】，其地图内容如图3-13所示，尽管是在二维环境中查看，但仍可以看出三维顶视图的效果，这是通过光影达到的。

【内容列表】面板中显示了它不同高程值的图例（图3-14），可以掌握各个区域的大致高程。

用【识别】 ⓘ 工具查询不规则三角网信息，如图3-15所示，可以看到所查询空间位置的高程、坡度、坡向，这些属性都是实时计算出来的。

图3-13　不规则三角网　　　图3-14　不规则三角网图例　　　图3-15　查询不规则三角网

> **GIS 基础知识**
>
> ⌊ 不规则三角网
>
> 　　不规则三角网采用一系列相连接的三角形拟合地表面或其他连续分布的不规则表面，每个三角形可视为一个平面，平面的几何特征完全由三个顶点的空间坐标值（x，y，z）所决定。由于不规则三角网是一种矢量数据模型，因而精度较高。

3.2　GIS数据的符号化

　　上一节加载了三类主要的 GIS 数据，相信读者已经发现它们与上一章查看的数据在图面效果上差别很大，一点都不美观。实际上本章用的数据和上一章是完全相同的，唯一的差别在于现在还没有对这些数据进行"符号化"。

　　符号化将根据 GIS 数据的详细属性，用符号化图形来表达，例如用颜色区分用地性质、用线宽区分道路等级等，使得用户能够直观地理解数据内容。符号化是 GIS 数据可视化的主要手段。ArcGIS 提供的符号化方式有单一符号、分类符号、分级符号、分级色彩、比例符号、点密度、图表符号、组合符号。本节将对上一节加载的各类数据进行"符号化"，让它们变成一幅幅直观、生动的图纸。

实践 3-2（GIS 基础）矢量数据的符号化

	实践概要	表 3-3
实践目标	分别对面、线、点类型的矢量数据进行多种类型的符号化，掌握符号化的技术方法	
实践内容	对面状要素类【土地使用现状】进行【类别＼唯一值】符号化，为不同的用地性质设置不同的颜色填充 对面状要素类【现状建筑】进行【数量＼分级色彩】符号化，根据建筑层数为建筑赋予由浅到深的颜色 对线状要素类【现状道路】进行【数量＼比例符号】符号化，将道路表达为带宽度的双线 学习线状要素的自定义符号化，将【现状道路】表达为带中心线、边线和宽度的复杂线型 学习点状要素的自定义符号化，自定义变电站和电信交接箱点符号 了解其他各类符号化效果	
实践数据	随书数据【＼Chapter3＼实践数据 3-1 至 3-8＼】	

1. 面状数据的符号化——根据用地性质为地块赋予不同的颜色

　　启动 ArcMap，加载【＼随书数据＼Chapter3＼实践数据 3-1 至 3-8＼规划现状 .mdb＼现状要素＼土地使用现状】。它暂时显示为一系列单色地块。下面通过符号化根据用地性质为地块赋予不同的颜色，具体将使用【类别＼唯一值】符号化：

　　■ 双击【土地使用现状】图层，进入【图层属性】对话框，切换到【符号系统】选项卡（图 3-16）。

　　■ 按照【用地性质】字段进行【类别＼唯一值】符号化，为不同的用地性质设置不同的颜色填充。

　　➢ 在选项卡左边【显示】栏中选择【类别】→【唯一值】。

　　➢ 在【值字段】下拉列表中选择【用地性质】。

 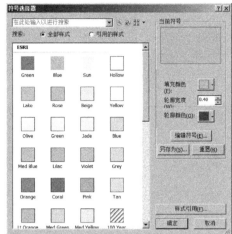

图 3-16 【土地使用现状】的【符号系统】选项卡   图 3-17 【符号选择器】对话框

> 点击【添加所有值】，可以看到【用地性质】字段的所有值都出现在符号列表中。
> 在符号列表中逐个双击【符号】列中的符号，在弹出的【符号选择器】对话框中选择合适的填充颜色，并设置【轮廓宽度】为 0.4，【轮廓颜色】为浅灰色，以淡化填充轮廓（图 3-17）。

经符号化得到土地使用现状图，如图 3-18 所示。这时图面上各个地块的颜色已按照上述设置发生了变化，同时【内容列表】面板中的【土地使用现状】图层下面也自动显示出各类用地的图例，用以对照查看。

2. 面状数据的符号化——根据建筑层数为建筑赋予由浅到深的颜色

加载【\ 随书数据 \Chapter3\ 实践数据 3-1 至 3-8\ 规划现状 .mdb\ 现状要素 \ 现状建筑】。它暂时显示为一系列单色建筑轮廓。下面通过符号化根据建筑层数为建筑赋予由浅到深的颜色，具体将使用【数量 \ 分级色彩】符号化：

■ 双击【现状建筑】图层，进入【图形属性】对话框，切换到【符号系统】选项卡。

> 在【显示】面板中选择【数量】→【分级色彩】，在【字段】栏的【值】

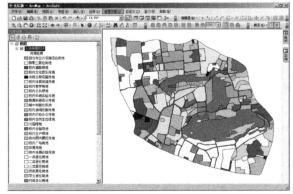 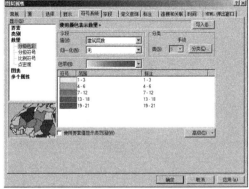

图 3-18 【土地使用现状】要素的符号化结果   图 3-19 【现状建筑】的分级色彩符号化

下拉列表中选择【建筑层数】,在【色彩】下拉列表中选择合适的颜色色带（图3-19）。

> 设置分级。在分类栏中【类】下拉列表中选择【5】,然后点击【分类...】按钮,打开【分类】对话框,设置分类方法为【手动】,点击【中断值】栏中的值,分别设置为3、6、12、18、21（图3-20）,意味着按它们来分割数值区间,形成1~3、4~6等五级分类。点【确定】返回。

> 点【确定】应用该符号系统。可以看到所有建筑按照层数被赋予了由浅到深的颜色填充（图3-21）。

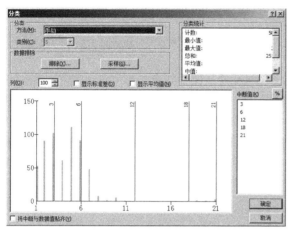

图3-20 符号化设置中的【分类】对话框　　　　图3-21 【现状建筑】要素的符号化结果

3. 线状数据的符号化——将道路单线变成带宽度的双线

加载【\随书数据\Chapter3\实践数据3-1至3-8\规划现状.mdb\现状要素\现状道路】。它暂时显示为一系列单色线。下面通过符号化将道路单线变成带宽度的双线,具体将使用【数量\比例符号】符号化:

■ 双击【现状道路】图层,进入【图形属性】对话框,切换到【符号系统】选项卡。

> 在【显示】面板中选择【数量】→【比例符号】（图3-22）。

> 在【字段】栏的【值】下拉列表中选择【路宽】,【归一化】选择【无】,【单位】选择【米】,【数据表示】选择【宽度】。意味着将按照【现状道路】的【路宽】属性值设置线符号的宽度。

> 将道路符号设置成填充双线。点击【基础符号】下的▬▬▬按钮,进入【符号选择器】,选择【Stacked Multi Roadway】,这是一个双线符号,然后点击【确定】。按路宽符号化的道路如图3-23所示。

4. 线状数据的符号化——将道路单线变成带中心线、边线和宽度的复杂线型

再次加载【\随书数据\Chapter3\实践数据3-1至3-8\规划现状.mdb\现

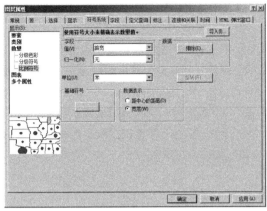

图 3-22 【现状道路】的【符号系统】选项卡

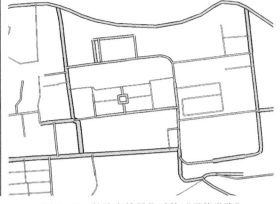

图 3-23 按路宽符号化后的【现状道路】

状要素\现状道路】。下面通过符号化将道路单线变成带中心线、边线和宽度的复杂线型，具体将使用【类别\唯一值】符号化和自定义符号工具【符号属性编辑器】：

■ 双击【现状道路】图层，进入【图形属性】对话框，切换到【符号系统】选项卡（图 3-24）。

➤ 在【显示】面板中选择【类别】→【唯一值】。

➤ 选择【主干路】、【支路】、【次干路】，然后点击下方的 移除(R) 按钮，只保留【城市主干道】、【城市次干道】。

➤ 取消勾选＜其他所有值＞前面的☑。上述设置后，【现状道路】要素类中，除了【城市主干道】、【城市次干道】，其他道路类型将不会显示在地图窗口中。

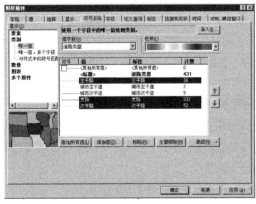

图 3-24 【现状道路】的唯一值符号化

图 3-25 【符号属性编辑器】对话框一

■ 自定义带有点划中心线和边线的线型符号。在【图形属性】对话框中继续以下设置：

➤ 点击【城市主干道】前面的线型符号，进入【符号选择器】，然后点击按钮 编辑符号(E)... ，进入【符号属性编辑器】（图 3-25）。

➤ 在【类型】下拉列表中选择【制图线符号】，在【制图线】选项卡中设置【颜色】为黑色，【宽度】为0.6。

> 切换到【模板】选项卡，拖动刻度条上的灰色方块，在灰色方块前面
会出现白色方块，代表重复样式的长度；白色方块被点击后会变成黑
色，反之亦然，将这段将被不断重复的样式设置成图3-26所示形式，
左下角【图层】栏则会同步显示线型设置的结果。

> 点击【符号属性编辑器】左下角的，增加一个图层，在【制图线】
选项卡中，将颜色改为粉红色，宽度设为7.6（图3-27）；按照同样
的步骤再增加一个图层，设成宽度为10的黑色线。

图3-26　【符号属性编辑器】对话框二

图3-27　【符号属性编辑器】对话框三

> 调整图层顺序。选择一个图层，点击和，可以调整其位置。按照
图3-27的顺序进行调整，在【预览】栏中可以看到所设线型效果。
上述三个图层叠加起来就是一段有中心点划线和侧边线的粉红色线段。
点击【确定】，回到【图层属性】选项卡。点【应用】执行该符号化方
式，其图面效果如图3-28所示。

> 解决双线符号化道路在转角处和交叉处的衔接问题。在【符号系统】
选项卡右下角点击按钮　高级(N)，在下拉菜单中选择【符号级别】，进入
【符号级别】对话框（图3-29）。

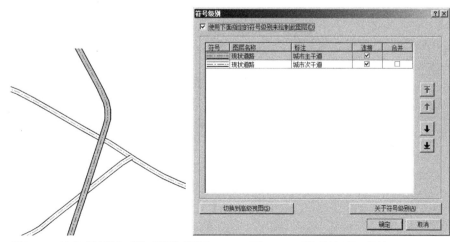

图3-28　按类型符号化后的【现状道路】　　图3-29　【符号级别】对话框

> 勾选【使用下面指定的符号级别来绘制此图层】，认可默认勾选【连接】的设置，点【确定】应用该设置后，如图 3-30 所示，同级符号（例如城市次干道）在线和线叠加的地方，自动进行了修饰，避免了一条路的线压到另一条路的线上。

> 回到【符号级别】对话框，勾选【城市次干道】行的【合并】，应用该设置后，如图 3-31 所示，不同级符号的道路在线和线叠加的地方也自动进行了修饰，避免了一条路的线压到另一条路的线上。

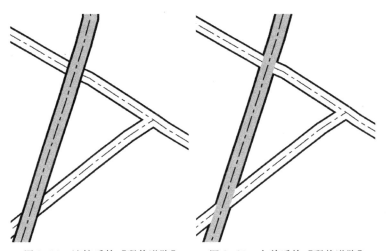

图 3-30　连接后的【现状道路】　　　　图 3-31　合并后的【现状道路】

■ 设置符号化的参考比例。在 ArcGIS 中，如果不设置符号化的参考比例，随着图面的缩放，图中的要素会保持当前大小，不会随着图面的缩放而缩放。设置了符号化的参考比例，图中的要素才会随着图面的缩放而缩放。

> 在【内容列表】中，右键点击 ，在右键菜单中选择【属性】，进入【数据框属性】对话框（图 3-32）。

> 切换到【常规】选项，将【参考比例】设为【1 ： 10000】。点【确定】应用该设置。

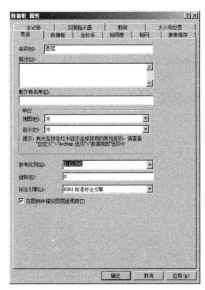

图 3-32　设置符号化的参考比例

5. 点状数据的符号化——自定义变电站和电信交接箱点符号

加载【\ 随书数据 \Chapter3\ 实践数据 3-1 至 3-8\ 规划现状 .mdb \ 现状要素 \ 现状市政设施点】。它暂时显示为一系列单色点。下面通过符号化将【设施类型】字段值为变电站和电信的点变成自定义点符号 和 ：

■ 双击【现状市政设施点】图层，进入【图层属性】对话框，切换到【符号系统】选项卡，选择【类别】→【唯一值】，在【值字段】下拉列表中选择【设施类型】，点击【添加所有值】，可以看到各类设施都出现在符号列表中，它们都采用了默认点符号。

■ 下面让我们自定义变电站符号。在【符号系统】选项卡的符号列表中双击变电站的符号，进入【符号选择器】面板：

➢ 在符号库中选择点状符号【Circle2】。

➢ 点击【编辑符号】按钮 编辑符号(E)... ，进入【符号属性编辑器】选项卡，在左下角【图层】栏中有两个图层（图3-33）。

➢ 点击左下角的 ，增加一个图层，点击选择该图层，将该图层的【类型】属性设为【字符标记符号】。

➢ 在符号库中找到 符号，选中它，将其【大小】属性设为14，【颜色】设为红色。设好后如图3-33所示，点【确定】完成自定义符号。

■ 接下来让我们自定义电信交接箱符号 。所有操作均与自定义变电站符号相同，只在最后一步，点击新建图层的【字体】下拉列表，选择【黑体】，然后在【Unicode】栏输入【30005】（这是中文字"电"的编码，可以在互联网中搜索任意文字对应的 Unicode 编码），可以看到符号库中【电】字被挑了出来，将【大小】属性设为10，点【确定】完成自定义符号。

经过上述符号化后的设施点如图3-34所示。

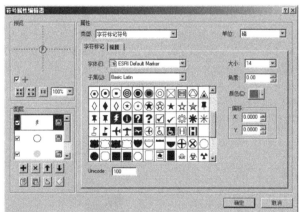

图3-33　自定义点符号

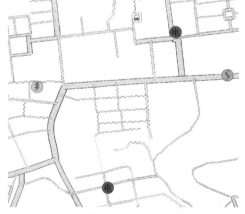

图3-34　【现状市政设施点】的符号化效果

ArcGIS 功能说明

🔲 **矢量数据符号化总结**

　　ArcGIS提供的矢量数据符号化方式有单一符号、分类符号、分级符号、分级色彩、比例符号、点密度、图标符号以及组合符号。

　　单一符号采用大小、形状、颜色相同的点状、线状、面状符号来表达数据的内容。这种方法忽略了要素的属性，而只反映要素的几何形状和地理位置（图3-35）。

　　分类符号根据要素属性值划分类别，并对各类别分别设置地图符号。它把具有相同属性值的要素作为一类，同类要素采用相同的符号，不同要素采用不同的符号，能反映要素的类型差异（图3-36）。

　　分级色彩是根据要素属性值的数值范围来划分级别，并对不同级别设置不同颜色。分级色彩只能针对数值型属性进行符号化（图3-37）。分级符号类似分级色彩。不同的是分级符号可以根据级别的不同设置符号的大小（图3-38）。

ArcGIS
功能说明

图 3-35 单一符号 图 3-36 分类符号 图 3-37 分级色彩 图 3-38 分级符号

比例符号是按照要素属性数值的大小来确定符号的大小，一个属性值就对应了一个符号的大小，可以精确地反映属性数值之间的微小差异（图3-39）。

点密度符号使用一定大小和密度的点状符号来表达要素的属性值（图3-40）。

图 3-39 比例符号 图 3-40 点密度图

图表符号可以表达要素的多项属性值。常用的有饼状图、柱状图、堆叠柱状图等。饼状图主要用于表达要素的整体属性与组成部分之间的比例关系（图3-41）；柱状图主要用于表达要素的多项可比较的属性或者是变化趋势（图3-42）；堆叠柱状图用以表达属性之间的相互关系与比例（图3-43）。

组合符号是将类别符号和分级色彩\分级符号组合起来使用。它首先根据某类要素属性作类别符号表达，然后再在这个基础上叠加分级色彩或分级符号的表达效果（图3-44）。

图 3-41 饼图符号 图 3-42 柱状符号 图 3-43 堆叠柱状图 图 3-44 组合符号

实践 3-3（GIS 基础）CAD 数据的符号化

实践概要		表 3-4
实践目标	对 CAD 数据进行符号化	
实践内容	认识 CAD 数据被 ArcGIS 解译的方式 学习对 CAD 数据的线、面要素进行符号化 学习导入符号系统	
实践数据	随书数据【\Chapter3\ 实践数据 3-1 至 3-8\】	

DWG 数据是目前城市规划界广泛采用的数据格式，ArcGIS 同样可以直接对其进行加载并符号化，从而可以在一个集成的环境下综合查看 GIS、RS 和 CAD 数据。

1. 对【现状道路类型图 .dwg】的线进行符号化

现状道路类型图 .dwg 的主要内容是一系列道路中心线，同时用不同的图层来区分各条线所代表的道路的等级，图层名为各类道路类型，如主干道、次干道、支路等。下面让我们在该 CAD 图的基础上，利用 ArcGIS 提供的【类别 \ 唯一值】符号化快速制作一幅现状道路类型图，用不同的颜色和线型、线宽来区分不同的道路类型。

■ 加载【\ 随书数据 \Chapter3\ 实践数据 3-1 至 3-8\ 现状道路类型图 .dwg】中的 Polyline。双击图层【现状道路图 .dwg Polyline】，进入【图层属性】对话框，切换到【符号系统】选项卡，从【显示】栏可以看到 ArcGIS 针对 CAD 数据专门设置了一类符号化方式【CAD 唯一实体值】，它最大程度上保证了和 AutoCAD 中的图形显示效果的一致。

➢ 在【显示】栏中选择【类别】→【唯一值】。

➢ 将【值字段】改为【Layer】，点击 添加所有值(L)，分别设置各个类型的符号，如图 3-45 所示。

➢ 点击【确定】应用符号化设置，其效果如图 3-46 所示，可以看出和 GIS 线要素的符号化效果没有区别。

图 3-45　CAD 道路符号化设置　　　　图 3-46　符号化后的 CAD 道路线要素

2. 对【现状用地图 .dwg】的面进行符号化

现状用地图 .dwg 的主要内容是一系列地块，每个地块都是封闭多边形，同时用不同的图层来区分各个地块的用地性质，例如公园绿地、一类居住用地等。下面让我们在该 CAD 图的基础上，用实践 2-1 中 GIS 图层【土地使用现状】中的地块配色方案来符号化该 CAD，用不同的颜色填充来区分不同用地性质的地块。两者的用地性质命名是完全一致的。

■ 加载【\ 随书数据 \Chapter3\ 实践数据 3-1 至 3-8\ 现状用地图 .dwg】中的 Polygon（图 3-47）。

■ 导入实践 2-1 中的【土地使用现状】图层。

➤ 重新启动一个 ArcMap，并打开地图文档【随书数据 \Chapter2\ 实践数据 2-1 至 2-7\ 查阅规划 GIS 信息 .mxd】。

➤ 拖拉该 ArcMap 中的【土地使用现状】图层至【现状用地图 .dwg Polygon】图层所在的 ArcMap。

➤ 关闭该 ArcMap。

■ 设置【现状用地图 .dwg Polygon】的符号。双击该图层，进入【图层属性】对话框，切换到【符号系统】选项卡。

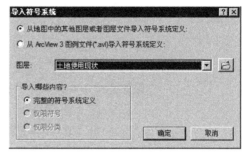

图 3-47 未符号化的 CAD 地块面要素　　　　图 3-48 导入符号系统

■ 点击按钮 导入①... ，进入【导入符号系统】对话框（图 3-48），选择"从地图中的其他图层或者图层文件导入符号系统定义"，在【图层】栏下拉列表中选择之前导入的图层文件【土地使用现状】，然后点击【确定】进入【导入符号系统匹配对话框】（图 3-49）。

■ 在【导入符号系统匹配对话框】中将【值字段】的【用地性质】栏改为【Layer】，意味着本图层的【Layer】属性将和导入符号系统的【用地性质】属性进行匹配。点击【确定】。符号化以后如图 3-50 所示，可以看到对 CAD 地块符号化后可以达到和 GIS 数据符号化完全相同的效果。

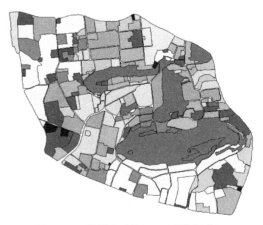

图 3-49 匹配导入的符号系统　　　　图 3-50 符号化后的 CAD 现状用地图

实践 3-4（GIS 基础）栅格数据的符号化

实践概要		表 3-5
实践目标	分别对影像栅格、离散栅格和连续栅格进行符号化	
实践内容	掌握栅格数据的【RGB 合成】、【唯一值】、【拉伸】和【已分类】符号化	
实践数据	随书数据【\Chapter3\ 实践数据 3-1 至 3-8\】	

1. 影像栅格的符号化

加载【\ 随书数据 \Chapter3\ 实践数据 3-1 至 3-8\ 规划现状 .mdb\ 遥感影像图】（图 3-51）。同时用图片查看软件查看原图（图 3-52）。对比两者会发现，ArcGIS 中打开的遥感影像比在图片查看软件中打开的遥感影像对比度更高，能更清晰地分辨不同事物，能获取更多的信息，但颜色会失真。下面通过符号化将影像图恢复成原有色彩显示方式。

图 3-51　ArcGIS 中显示的遥感影像　　图 3-52　图片查看软件中显示的遥感影像

■ 打开该图层的属性，在【符号系统】选项卡中可以看到它使用的是【RGB 合成】符号化，即以红、绿、蓝三色合成方式绘制栅格。将位于中下位置的【拉伸】栏的【类型】设为【无】（原本默认为【标准差】）（图 3-53），应用新设置后会看到影像图恢复成原有色彩。

图 3-53　遥感影像图的 RGB 合成符号化

GIS 基础知识	栅格数据的拉伸显示
	栅格图像符号化中的拉伸功能，是一种图像增强处理的方法。当图像的某一属性值（如亮度）集中在一个很小的范围，我们可以通过扩大属性值的范围来提高图像的对比度，呈现图像更多的信息。加载栅格数据时默认采用【标准差】拉伸方式，此外还有直方图均衡化、最值、直方图规定化、百分比截断等拉伸方式。

2. 离散栅格的符号化

加载栅格数据集【\ 随书数据 \Chapter3\ 实践数据 3-1 至 3-8\ 规划现状 .mdb\ 现状用地】，这是一幅离散栅格。打开该图层的属性，可以看到离散栅格默认采用【唯一值】类型的符号化。下面将其符号化成规划需要的显示方式：

■ 将【值字段】设置为【用地性质】，然后根据城市规划常用色系设置每类用地的颜色。应用该设置后可以看到它基本上可以达到图 3-18 所示面要素类【土地使用现状】符号化后的效果。

3. 连续栅格的符号化

加载【\ 随书数据 \Chapter3\ 实践数据 3-1 至 3-8\ 规划现状 .mdb \ 步行至主入口时间（分钟）】，这是一幅连续栅格（图 3-54）。打开该图层的属性，可以看到连续栅格默认采用【拉伸】类型的符号化。下面通过符号化拉大不同像元值之间的色差：

■ 方法一：对其【色带】进行更改，将其设置为由红到黄到蓝的彩色色带（默认为黑白色带）（图 3-55），应用该设置后可以看到不同值之间的可区分度更大了。

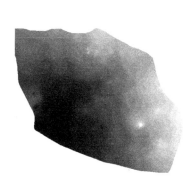

图 3-54 连续栅格

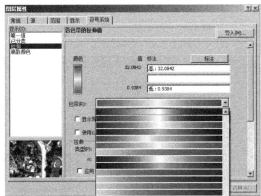

图 3-55 设置拉伸类型符号化

■ 方法二：使用【已分类】符号化。再次打开该图层的属性，设置【符号系统】选项卡如下：

➤ 在【显示】栏中选择【符号系统】→【已分类】，在【类别】选项下设置类别数量为 5，点击【分类 ...】按钮，进入【分类】对话框，可以进行详细的分类设置（图 3-56）。

➤ 在【方法】下拉菜单中选择【相等间隔】，点击【确定】返回。应用符号化以后效果如图 3-57 所示。

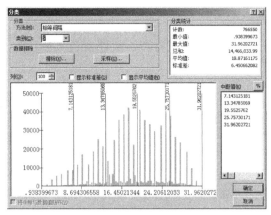

图 3-56　设置符号化分类

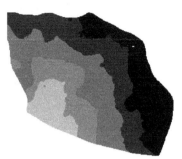

图 3-57　连续栅格的分类符号化结果

对比【拉伸】和【分类】两种符号化的结果可以发现，【拉伸】类型符号化是以渐变的颜色来呈现属性值的空间变化，而【分类】符号化是根据属性值范围划分不同级别，所呈现的细节不如【拉伸】符号化类型，但信息反映得更为清晰、简洁。

实践 3-5（GIS 基础）不规则三角网的符号化

实践概要　　　　　　　　　　　　　　　　　　　　表 3-6

实践目标	对不规则三角网地表面进行符号化
实践内容	掌握不规则三角网的符号化方法 对不规则三角网进行高程、坡度等类型的符号化
实践数据	随书数据【\Chapter3\ 实践数据 3-1 至 3-8\】

1. 让不规则三角网细腻地显示高程的变化

加载不规则三角网【\ 随书数据 \Chapter3\ 实践数据 3-1 至 3-8\ 地形 tin】（图 3-58）。可以看到它用九种颜色粗略区分了不同位置的高程，下面通过符号化让不规则三角网细腻地显示高程的变化。

■ 双击【地形 tin】图层，进入【图层属性】对话框，切换到【符号系统】选项卡。

➢ 在【显示】栏点击选择【高程】。

➢ 在【分类】栏设置【类】为 20 类。

➢ 在【色带】栏选择由浅绿到深绿的色带。

➢ 点击符号列表的【符号】表头（图 3-59），在弹出菜单中选择【翻转符号】，使得高程值低的使用深绿色符号，高程值高的使用浅绿色符号（翻转符号之前，正好是相反的）。

➢ 点【确定】应用上述符号化设置，可以看到细腻的高程变化（图 3-60）。

图 3-58 不规则三角网的默认显示　　图 3-59 翻转符号　　图 3-60 不规则三角网按高程符号化的效果

2. 增加不规则三角网符号化的方式

除了用高程去符号化不规则三角网，还可以用坡度、坡向、等高线等去符号化不规则三角网。

■ 双击【地形 tin】图层，进入【图层属性】对话框，切换到【符号系统】选项卡。

■ 点击 添加... 按钮，进入【添加渲染器】对话框，选择【具有分级色彩的表面坡度】（图 3-61），点【添加】按钮，然后关闭【添加渲染器】对话框。可以看到【显示】栏增加了【坡度（度）】符号化方式，点【应用】查看效果（图3-62）。

图 3-61 添加不规则三角网渲染器　　　　　图 3-62 不规则三角网按坡度符号化的效果

■ 调整【显示】栏的显示顺序。点击 ↑ 或 ↓ 可以调整【显示】栏不同符号化方式的显示顺序。选择【高程】，点击 ↑ 按钮，将【高程】移到最上面，点击【应用】查看效果。

■ 添加其他符号化方式，其效果如图 3-63 所示。对于不需要的符号化方式，也可以点击 移除(E) 按钮移除它。

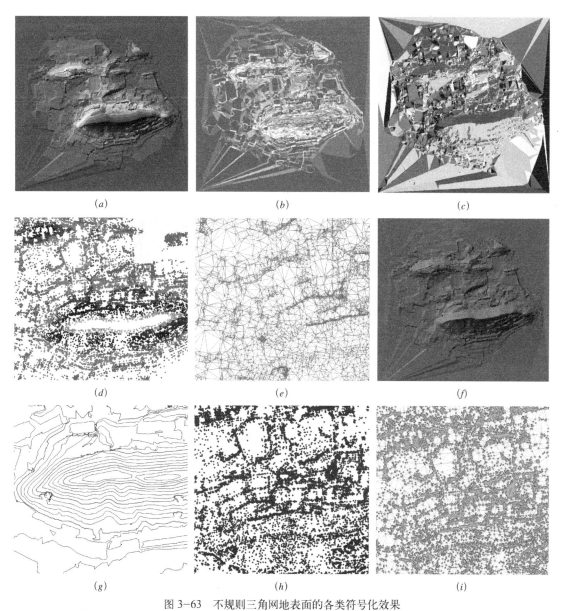

图 3-63　不规则三角网地表面的各类符号化效果

（a）具有分级色带的表面高程；（b）具有分级色带的表面坡度；（c）具有分级色带的表面坡向；（d）具有分级色带的结点高程（图像局部）；（e）具有相同符号的边（图像局部）；（f）具有相同符号的表面；（g）具有相同符号的等值线（图像局部）；（h）具有相同符号的结点（图像局部）；（i）使用唯一符号分组的边类型（局部）

3.3　GIS数据的标注

标注是地理信息可视化的另一种重要手段，它将关键信息直接标注到地图上。ArcGIS 提供了非常强大的文字工具来完成图面标注的功能，特别是自动标记功能能够实现要素属性的自动标注，和动态更新。ArcGIS 有三种标注方式：自动标记、Geodatabase 注记和地图注记，下面我们通过实践来分别掌握它们。

实践 3-6（GIS 基础）对地图进行各类注记

	实践概要	表 3-7
实践目标	掌握 ArcGIS 的三种标注方式：自动标记、Geodatabase 注记和地图注记	
实践内容	学习 ArcGIS 自动标记，完成路名、用地性质的自动标记 认识 Geodatabase 注记要素类，完成路名自动标记向 Geodatabase 注记的转换和加载 学习地图注记，完成地名的注记	
实践数据	随书数据【\Chapter3\ 实践数据 3-1 至 3-8\】	

1. 对道路名称进行自动标记

- 打开【\ 随书数据 \Chapter3\ 实践数据 3-1 至 3-8\ 标注地图 .mxd】。
- 双击图层【现状道路】，进入【图层属性】对话框，切换到【标注】选项卡（图 3-64）。下面在【标注】面板中可以设置标注的属性：
  - ➤ 在【文本字符串】栏，设置【标注字段】为【道路名称】字段，它将根据【现状道路】要素的【道路名称】属性值进行标注。
  - ➤ 在【文本符号】栏，设置标注的字体、字号、颜色，如图 3-64 所示。
  - ➤ 在【其他选项】栏，点击【放置属性】按钮，进入【放置属性】对话框（图 3-65），设置【方向】为弯曲，【位置】为【上方】，意味着标注将放在道路线的上方，并随道路的弯曲而弯曲，选择【移除同名标注】，点【确定】返回。

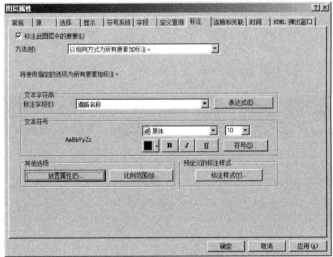

图 3-64　设置自动标注

图 3-65　设置自动标注的放置属性

  - ➤ 在【标注】选项卡中勾选【标注此图层中的要素】，意味着打开标注。点【确定】应用自动标注的效果，如图 3-66 所示。
- 关闭标注。右键点击【现状道路】，取消勾选【标注要素】（图 3-67）。

2. 对用地性质进行自动标记

- 双击图层【土地使用现状】，进入【图层属性】对话框，切换到【标注】

图 3-66　道路自动标注的效果　　　　　　图 3-67　关闭自动标注

选项卡。

■ 点击【标注字段】后面的按钮【表达式 ...】，进入【标注表达式】面板（图 3-68），在下面的对话框中输入表达式："[用地代码] + VbCrLf + [用地性质]"。该表达式将【用地代码】和【用地性质】组合起来标注，VbCrLf 代表换行，【用地性质】将标注在第二行。

■ 在【文本符号】栏，设置标注的字体为黑体，字号为 4。

■ 点击【放置属性】按钮，进入【放置属性】对话框，可以看到面要素的放置属性与之前看到的线要素不同（图 3-69）。勾选【始终水平】和【每个要素放置一个标注】，不要勾选【仅在面内部放置标注】，因为有些面容不下标注文字，如果勾选了就不会标注这些文字。

■ 勾选【标注此图层中的要素】。应用上述设置后，标注效果如图 3-70所示。

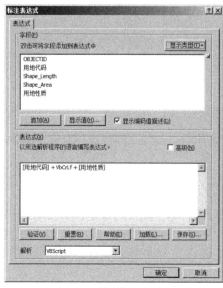

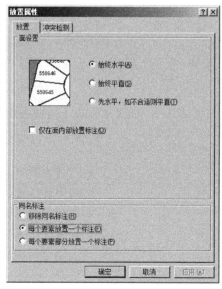

图 3-68　设置标注表达式　　　　　　图 3-69　自动标注面要素的放置属性设置

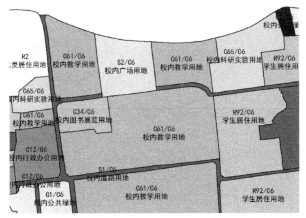

图3-70　地块自动标注的效果

3. 将路名自动标记转换成 Geodatabase 注记

第一步生成的路名自动标记只能和【现状道路】要素类捆绑在一起使用，如果要单独使用它们，例如为另外一幅地图添加路名，则需要将其转换为 Geodatabase 注记，它是要素类，可以作为图层添加到任意地图中。

■ 右键点击【现状道路】图层，弹出菜单中首先保证【标注要素】选项为勾选状态，然后选择【将标注转换为注记】（图3-71），弹出【将标注转换为注记】对话框（图3-72）。

图3-71　自动标注转注记　　　　图3-72　【将标注转换为注记】对话框

> 在【存储注记】栏选择【在数据库中】，意味着生成 Geodatabase 注记。如果选择【在地图中】则会生成地图注记。

> 取消勾选【要素已关联】。如果勾选意味着生成的 Geodatabase 注记将和【现状道路】要素中的属性值保持同步，即更改【现状道路】要素的路名，则 Geodatabase 注记要素会自动更新。这里需要生成独立的 Geodatabase 注记要素类。

> 点击【现状道路注记】旁的⬚，设置 Geodatabase 注记保存的路径，让

其存放在和【现状道路】相同的路径下。

➤ 点【转换】执行转换。刷新【目录】面板的目录【\ 随书数据 \Chapter3\ 实践数据 3–1 至 3–8\ 规划现状 .mdb\ 现状要素】，可以看到增加了一个要素类 Ⓐ 现状道路注记。

■ 重新打开一幅空白 ArcMap，加载 Ⓐ 现状道路注记要素类，可以看到这是一系列文字（图 3–73）。打开其属性表，可以看到它拥有【TextString】、【FontName】、【FontSize】等属性（图 3–74），这些属性决定了文字的显示方式。

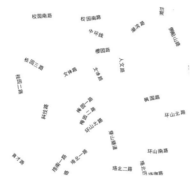

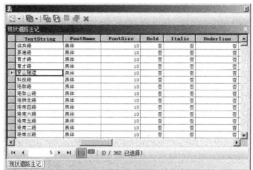

图 3–73 转换得到的注记效果　　　　图 3–74 注记的属性

4. 对地名进行地图注记

下面将对武汉大学两个学部和东湖进行地图注记。这些注记存放在地图文档中。

■ 打开【绘图】工具条。添加注记文字的工具条不是默认加载的，在任意工具条上点右键，显示工具条列表，从中勾选【绘图】，显示【绘图】工具条，如图 3–75 所示。

■ 设置文字格式。在【绘图】工具条中设置字体为【宋体】，字号【10】号，选择粗体。点击 Ａ▪ 上的下拉箭头，在文字样式列表中选择【矩形文本】（图 3–76）。

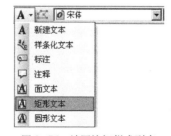

图 3–75 【绘图】工具条　　　　　图 3–76 地图注记样式列表

■ 添加文字。在需要标注的地方按住左键不放，拖拉出一个矩形框。双击创建的矩形框，在弹出的【属性】对话框中设置属性（图 3–77）。

➤ 在【文本】选项卡，输入文字内容【东湖】。

➤ 切换到【列和边距】选项卡，将【文本周边距】设置为【6】。

> 切换到【框架】选项卡，设置矩形框的几何样式。设置所有【圆角】
> 为 50%，点击【背景】中的色块，选择绿色；点击【下拉阴影】中的【颜色】
> 下拉列表，选择【Grey 60%】，设置其他参数，如图 3-77 所示。点【确
> 定】应用设置。

■ 复制成【工学部】、【文理学部】地图注记。选择上述注记，复制（用
快捷键 Ctrl+C），然后粘贴（用快捷键 Ctrl+V），选择新复制的注记，拖动到
合适位置，双击进入【属性】对话框，编辑其文字和背景颜色。最终效果如图
3-78 所示。

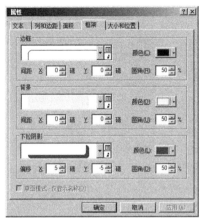

图 3-77　设置地图注记

图 3-78　地图注记效果

ArcGIS 功能说明	⬇ ArcGIS标注方式总结
	ArcGIS有三种标注方式：自动标记、Geodatabase注记和地图注记。 （1）自动标记。自动标记根据要素的属性值来自动批量标注要素的几何图形，而标注的内容是和属性值自动保持一致的。 （2）Geodatabase注记。Geodatabase注记是保存在Geodatabase中的文字，它是要素类，可以被多幅地图文档作为图层加载。 （3）地图注记。地图注记是保存在地图文档中的用户输入的文字。

3.4　其他可视化方法

除了符号化和标注，还有一些常用的可视化方法，本节将分三个实践来加
以介绍。

实践 3-7（GIS 基础）利用图层控制可视化

	实践概要	表 3-8
实践目标	学习利用图层来控制可视化的效果	
实践内容	学习设置图层显示的比例范围 学习用图层文件保存符号化设置 学习图层分组	
实践数据	随书数据【\Chapter3\ 实践数据 3-1 至 3-8\】	

通过上面的实践，相信读者已经发现，图层在 GIS 信息可视化过程中发挥着极其重要的作用，符号化、标注等都是依托图层来管理的，下面继续介绍一些高级的图层功能，可以更好地控制可视化。

1. 让图层在一定比例范围内显示

当宏观尺度的要素和微观尺度的要素共处在一幅地图中时，你会希望在查阅宏观尺度要素时不要显示微观尺度的要素，但当放大到一定比例之后，你又会希望看到微观尺度的要素，尽管可以通过图层的开、闭手动实现，但 ArcGIS 提供了一套更便捷的方法。

■ 打开【\ 随书数据 \Chapter3\ 实践数据 3–1 至 3–8\ 利用图层控制可视化 .mxd】。

■ 在【内容列表】面板中，双击【现状建筑】图层，进入【图层属性】对话框，切换到【常规】选项卡。

■ 在【比例范围】栏勾选【缩放超过下列限制时不显示图层】，然后将【缩小超过】设为【1 ： 5000】。点【确定】应用该设置。

■ 缩放地图，你会发现在显示比例比较小的时候，【现状建筑】图层没有显示，而当显示比例放大到 1 ： 5000 之后，【现状建筑】图层会自动显示出来。

2. 图层分组

当图层数量比较多时，可以建立图层组，使得图层的打开和关闭能够以图层组为基本单位，当关闭一个图层组时，该图层组中的所有图层都将关闭。

■ 在【内容列表】面板中，右键点击位于顶部的【图层】项，在弹出菜单中选择【新建图层组】，在【内容列表】中会新增一项【新建图层组】。

■ 左键点击刚建的【新建图层组】，使之进入文字编辑状态，更名为【道路】。

■ 将【内容列表】中的【现状城市道路】和【现状校园道路】图层拖拽至【道路】图层组中（图 3–79）。之后就可以用【道路】图层组来控制所有道路图层的显示、关闭。

3. 将图层存放为一个图层文件

如果有一份 GIS 数据已做好了符号化，你希望在其他地图文档中加载它的时候使用同样的符号化，而不是从头再设置一遍，那么你可以将符号化好的该 GIS 数据的图层存为一个单独的图层文件，然后在其他地图文档中直接加载该图层文件就能够达到期望的效果。

■ 右键点击【土地使用现状】图层，在弹出菜单中选择【另存为图层文件 ...】，在【保存图层】对话框中，将路径设为本实践所在目录，文件名为【土地使用现状 .lyr】，这是一个图层文件，其中存放了对应的 GIS 数据的符号化方式。但该图层对应的数据内容并不会存到图层文件中，所以该文件一般都很小。

图 3–79　图层分组

■ 启动一个空白 ArcMap,加载刚才生成的图层文件【土地使用现状 .lyr】,可以看到地图内容的显示效果和之前是完全一致的。

实践 3-8（GIS 基础）依托不规则三角网的栅格数据 3D 可视化

实践概要		表 3-9
实践目标	在 ArcScene 中基于地形不规则三角网生成三维遥感图、三维用地现状图	
实践内容	复习 ArcScene 中的加载图层、漫游操作 学习根据不规则三角网设置栅格图层的基本高度 学习设置栅格图层的阴影渲染 学习设置栅格图层的显示质量 学习设置三维场景的光源位置	
实践数据	随书数据【\Chapter3\ 实践数据 3-1 至 3-8\】	

在不规则三角网的基础上,我们可以基于不规则三角网提供的地表面去生成三维遥感影像图、三维用地现状图。这是在 ArcScene 下,利用【从表面获取高程】功能来实现的。

■ 启动 ArcScene,加载不规则三角网图层【\ 随书数据 \Chapter3\ 实践数据 3-1 至 3-8\ 地形 tin】,和遥感图像【\ 随书数据 \Chapter3\ 实践数据 3-1 至 3-8\ 规划现状 .mdb\ 遥感影像图】。

■ 给遥感图附高程。双击图层【遥感影像图】,进入【图层属性】对话框,切换至【基本高度】选项卡 (图 3-80)。

➤ 在【从表面获取的高程】栏,选择【在自定义表面上浮动】,然后选择【\ 随书数据 \Chapter3\ 实践数据 3-1 至 3-8\ 地形 tin】,意味着遥感图将浮在不规则三角网图层 "原始地表面" 上。

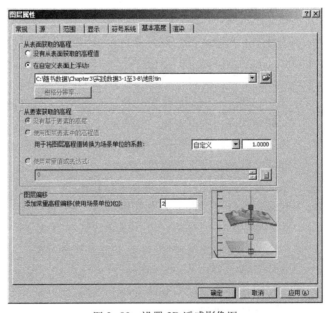

图 3-80 设置 3D 遥感影像图

- 设置【添加常量高程偏移】为【2】，意味着遥感图将放在不规则三角网图层【原始地表面】以上 2 个单位的位置。
- 切换到【渲染】选项卡，勾选【相对于场景的光照位置为面要素创建阴影】，为三维遥感图添加阴影。同时将【栅格影像的质量增强】设为最高。
- 点【确定】。然后在【内容列表】中关闭【地形 tin】，此时已经可以看到三维影像图的效果了（图 3-81）。

图 3-81 三维遥感影像图效果

■ 设置太阳光照位置。在【内容列表】面板中，双击顶部的【Scene 图层】，进入【Scene 属性】对话框，切换到【照明度】选项卡（图 3-82），设置光源的【方位角】为 130°（即为东南角），【高度】为 19°。点【确定】应用此光源设置，最终效果如图 3-81 所示，这已经是一幅非常真实的三维鸟瞰图了。

类似地，为【\ 随书数据 \Chapter3\ 实践数据 3-1 至 3-8\ 规划现状 .mdb\ 用地现状图】赋予高程后的效果如图 3-83 所示。从三维的用地现状图上，可以一目了然地掌握各地块的土地平整情况，以及各道路的坡度起伏情况。其信息的直观程度远高于平面图纸。

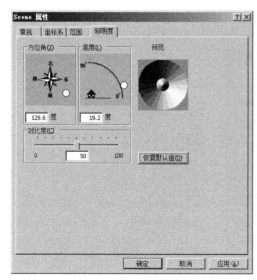

图 3-82 设置光照位置

图 3-83 三维用地现状图效果

实践 3-9（GIS 高级）用动画表达城市的扩展过程

实践概要 表 3-10

实践目标	用动画来实现一系列图层的依次逐个显示，从而表达城市扩展的动态过程
实践内容	学习图层组动画功能
实践数据	随书数据【\Chapter3\ 实践数据 3-9\】

ArcGIS 不仅能够以图层的方式静态表达地理对象，而且还可以根据一组图层制作动画，让它们依次显示。假如这些图层是不同时段的建设用地情况，则生成动画就可以反映城市的用地扩展，如果是不同时期的建筑，则可以反映建设的时序，这种动态可视化的方式对于规划师具有非常重要的意义。

■ 启动 ArcMap，加载【\ 随书数据 \Chapter3\ 实践数据 3-9\】 中的 ShapeFile【2000 年建成区范围】、【2005 年建成区范围】、【2010 年建成区范围】。

■ 创建图层组。右键单击【内容列表】面板中的【图层】项，在弹出菜单中选择【新建图层组】，列表中会新添一个名为【新建图层组】的项目，将其重命名为【动画图层组】。

■ 将【2000 年建成区范围】、【2005 年建成区范围】、【2010 年建成区范围】添加到【动画图层组】，注意图层的上下顺序，它决定了动画的顺序。在【内容列表】面板中勾选上述三个图层，确保它们都处于显示状态。

■ 右键点击任意工具条，勾选【动画】，显示【动画】工具条 动画(A)▾ |📷|▣▣ 。

■ 创建动画。点击【动画】工具条的【动画】按钮 动画(A)▾ ，在下拉菜单中选择【创建组动画】，显示【创建组动画】对话框（图 3-84）。

➢ 在【选择图层组】栏选择【动画图层组】。

➢ 在【图层可见性】栏将每一项前面的勾选取消。

➢ 勾选【淡化时各图层混合】，这是一个动画过渡效果。

➢ 将【淡化过渡】的滑动按钮拖到中间位置，点击【确定】完成设置。

■ 播放动画。点击【打开动画控制器】按钮▣▣，显示【动画控制器】对

图 3-84 创建组动画

图 3-85 动画播放控制器

话框,点击【选项《】按钮,显示更多设置选项（图3-85）,将【按持续时间】设为【4.0】秒,【播放模式】设为【正向循环】,点击播放键 ▶ 即可查看动画,播放效果如图3-86所示。

■ 导出视频。点击【动画】工具条的【动画】按钮,在下拉菜单中选择【导出动画...】, 设置好路径后可导出成 avi 视频格式。

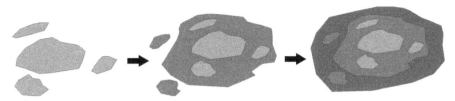

图3-86 某城市扩展的动态可视化

3.5 本章小结

本章首先介绍了地理信息的三大类型：矢量数据、栅格数据和不规则三角网数据。并分别详细讲解了地理数据的可视化手段——符号化和标注。符号化将根据 GIS 数据的详细属性,用符号化图形来表达地理信息,包括颜色、形状、大小等, 使得用户能够直观地理解数据内容。符号化把地理数据变成一幅幅生动的二维图纸、三维场景。而标注是地理信息可视化的另一种重要手段, 它将关键信息直接注记到地图上。

由于不同类型的数据有不同的符号化方式, 所以本章介绍的符号化方法非常繁杂。对于矢量数据, 我们介绍了单一符号、分类符号、分级符号、分级色彩、比例符号、点密度、图标符号以及组合符号;对于栅格数据, 我们介绍了唯一值、拉伸和分类符号化;对于不规则三角网数据, 我们介绍了高程、坡度符号化。

ArcGIS 还提供了非常强大的图面标注功能, 本章介绍了三种方式：自动标记、Geodatabase 注记和地图注记。

除了符号化和标注, 还有许多可视化方式, 本章补充介绍三种, 包括用图层控制可视化、依托不规则三角网的栅格数据 3D 可视化, 以及动画。

本章所介绍的可视化方法都是非常基础而重要的。由于 GIS 可视化不同于传统规划制图, 因而需要读者去适应。传统规划制图通过绘图的方式, 直接把要表达的信息绘制到图面上,规划师习惯于用各种绘图技法来表达不同的信息;而 GIS 可视化主要通过参数设置的方式来告诉计算机如何绘制图纸, 因而需要规划师将重点放在各类可视化参数设置上, 以及可视化方式的选择和组合上。总体而言, GIS 可视化方法更加灵活而高效。由于所有地理信息都需要通过适当的可视化方法来表达, 所以本章内容需要读者全面掌握。

练习3-1：矢量 GIS 数据的符号化

请加载随书数据【\Chapter3\ 实践数据 3-1 至 3-8\ 规划现状 .mdb \ 现状要素】中的现状建筑、现状道路、现状市政设施点。

对【现状建筑】按照【建筑年代】字段进行分级色彩符号化；

对【现状道路】按照【道路类型】字段进行分类符号化；

对【现状市政设施点】按照【设施类型】字段进行分类符号化。

上述符号化设置中各类符号的样式请参照图3-87【内容列表】中的符号样式，最终达到图3-87所示的图面效果。

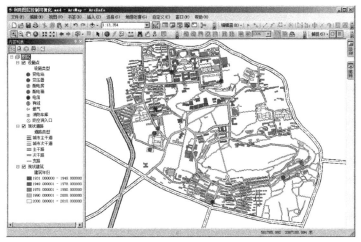

图3-87　各现状要素符号化结果

练习3-2：社会经济数据的可视化和标注

请加载随书数据【\Chapter3\ 练习数据3-2\ 中心镇统计数据 .shp】。对其按照【工农业总产】、【财政总收入】作【图表 \ 条形图 \ 柱状图】符号化，同时将背景设为无颜色。

再次加载该数据，对其按照【工农业总产】作分级色彩符号化。

对第二次加载的图层进行自动标注，标注内容为【工农业总产】、【财政总收入】，表达式为"工农业总产："+［工农业总产］+ VbCrLf +"财政总收入："+［财政总收入］，最终达到图3-88所示的图面效果，并体验可视化对于规划分析的效用。

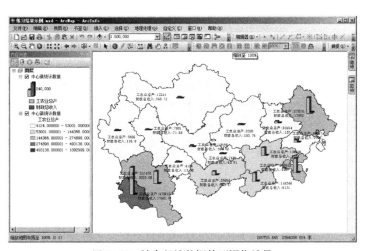

图3-88　社会经济数据的可视化效果

第4章 绘制现状图——ArcGIS地理数据建模

　　前面两章介绍了查阅各类现有地理信息的方法，而本章将介绍制作新的地理信息的方法。对于规划师而言，GIS 环境下制作现状图、规划图、分析图等都需要制作新的地理数据，GIS 称这一过程为地理数据建模。

　　规划地理数据建模与 CAD 规划制图有较大的不同。CAD 规划制图首先分析规划图纸中要表达哪些图面要素，以及分别在哪些图纸中表达，据此创建图纸、设置图层；然后逐个要素地绘出，生成一幅幅图纸；最后对图面效果进行加工修饰。该方式的核心内容是制作一幅幅符合要求的图纸。

　　而规划地理数据建模的流程则更为严谨和高效（图 4-1），其一般流程如下：

　　首先，分析规划过程会涉及哪些地理对象（如道路、地块、管线），这些对象有哪些几何形态和属性内容，据此设计规划地理信息模型（亦可以使用通用规划地理信息模型），并构建地理数据库；

　　然后，在规划设计过程中利用 GIS 建模工具往数据库中添加道路、地块、管线等数据内容，建模大量利用可视化手段，所见即所得；

　　最后，根据成果表达的需要从数据库中提取某些地理要素的数据内容，利用 GIS 符号化（如颜色、线型、填充等）和标注功能，生成专题图纸。

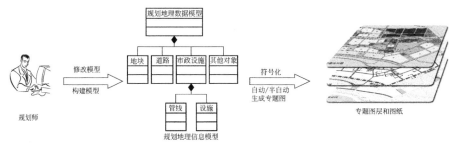

图 4-1　规划地理数据建模流程

接下来，本章将以土地使用现状图的制作为例，介绍 ArcGIS 地理数据建模的方法。通过本章的学习，将掌握以下知识或技能：

- 地理坐标系；
- 对地图进行地理坐标配准；
- 创建地理数据库；
- 绘制、编辑线要素、面要素；
- 制作图纸，设置图框、指北针、比例尺、图名、图例等图纸构件。

4.1　准备底图并构建地理数据库

在开始建模之前，首先要准备好底图，一般是由地形图、遥感图、交通图等构成。通常，底图会被多幅专题图所共用，因此需要保证美观、坐标系正确、比例尺得当。

实践 4-1（GIS 基础）准备底图并配准遥感影像图

实践概要　　　　　　　　　　　　　　　　　　　　　　　　表 4-1

实践目标	准备底图，并配准遥感影像图
实践内容	新建地图文档 学习地图初始设置：相对路径、地图单位、坐标系 学习地理配准功能，配准遥感影像图并保存为 tif 文件
实践数据	随书数据【\Chapter4\ 实践数据 4-1 至 4-4\】

1. 新建地图文档

■ 启动 ArcMap，新建地图文档。启动 ArcMap，在弹出的【ArcMap　　启动】对话框中，点击左侧面板的【新建地图】项（图 4-2），在右侧面板中选择【空白地图】作为版面模板（也可以选择其他版面模板，对话框右侧面板有模板的预览）。点【确定】，进入 ArcMap 主界面（也可以直接点击【取消】，默认新建一个空白地图）。

■ 设置相对路径。点击主界面菜单【文件】→【地图文档属性 ...】，显示【地图文档属性】对话框，勾选【路径名】栏的【存储数据源的相对路径名】（图 4-3）。这是为了保证当变更了数据的存储位置后，通过相对位置关系，地图文件仍能找到其中的数据文件。

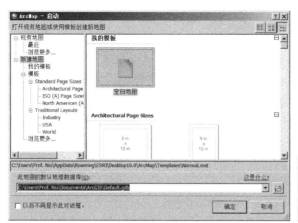

图 4-2 【ArcMap 启动】对话框   图 4-3 设置地图文档的存储参数

ArcGIS 功能说明

⚓ **ArcGIS地图文档中的【相对路径】属性**

    要特别注意地图文档和数据的存储位置。不同于AutoCAD将所有信息存储在一个文件下，ArcGIS的数据可能会存放在多个文件或多个数据库中，且地图文档也是独立于数据单独存放的。因而ArcGIS信息是分散的，需要特别关注这些分散的信息的相互位置。

    如果选择了【存储数据源的相对路径名】，则一定要保证地图文档和数据的相对位置不能改变（例如位于同一文件夹下，如果要移动位置则要一起移动），否则地图文档将找不到数据，当地图找不到数据时，图层会显示红色惊叹号，例如 ☑ 现状影像图 。

    如果没有选择，则一定要保证数据的存储位置不可以变动，否则地图文档将找不到数据，而地图文档可以随意移动或复制。

    设置【存储数据源的相对路径名】功能只对之后添加的图层生效，对于勾选该功能之前添加的图层无效，因此必须在添加第一个图层之前设置它。

   ■ 设置地图单位。右键点击【内容列表】面板中的【图层】项，在弹出菜单中选择【属性】，进入【数据框属性】对话框，切换到【常规】选项卡，在【单位】栏设置【地图】单位为【米】（图 4-4）。

   ■ 设置地图坐标系。继续在上述对话框中进行设置，切换到【坐标系】选项卡。在【选择坐标系】栏中选择【预定义 \Projected Coordinate Systems\ Gauss Kruger\Xian 1980\ Xian 1980 3 Degree GK CM 114E】（图 4-5）。这是

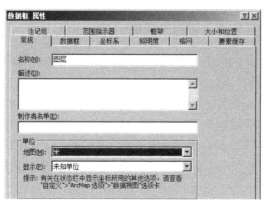

图 4-4 设置地图单位   图 4-5 设置坐标系

本章实践将采用的坐标系。如果不知道地图使用的坐标系，可以不对其进行设置，地图会默认使用第一个带坐标的 GIS 图层的坐标系。

■ 保存地图文档到指定目录。点击菜单【文件】→【保存】，选择保存目录为【\ 随书数据 \Chapter4\ 实践数据 4-1 至 4-4】，保存为【现状图 .mxd】。之后会发现【目录】面板中的默认工作目录会变成地图文档所在目录，【目录】面板中【默认工作目录】中的内容与【目录】面板中【\ 随书数据 \Chapter4\ 实践数据 4-1 至 4-4】中的内容是完全一致的。

<table>
<tr><td>GIS
知识</td><td>

↓ 我国四大常用坐标系

1）北京54坐标系（Beijing 1954）

新中国成立后，我国采用了苏联的克拉索夫斯基椭球参数，经局部平差后产生了北京1954坐标系，其原点不在北京而是在苏联的普尔科沃。该坐标系在中国范围内符合得并不好，但由于几十年的广泛普及，目前仍有许多中小城市仍在使用。

2）西安80坐标系（Xian 1980）

1978年在西安召开全国天文大地网平差会议，确定重新建立我国的坐标系，因此有了1980年国家大地坐标系，它采用1975年国际大地测量与地球物理联合会第十六届大会推荐的IAG75地球椭球体，大地原点设在我国中部的陕西省泾阳县永乐镇，基准面采用青岛大港验潮站1952~1979年确定的黄海平均海水面（即1985国家高程基准）。西安80坐标系是目前国内使用最广泛的坐标系。

3）2000国家大地坐标系（CGCS 2000）

这是我国当前最新的国家大地坐标系，采用地心坐标系，有利于采用现代空间技术对坐标系进行维护和快速更新，测定高精度大地控制点三维坐标，并提高测图工作效率。2000国家大地坐标系自2008年7月1日起开始启用。

4）WGS-84世界大地坐标系（WGS 1984）

这是目前国际上通用的地心坐标系。WGS-84采用的椭球是国际大地测量与地球物理联合会第17届大会大地测量常数推荐值。建立WGS-84世界大地坐标系的一个重要目的是在世界上建立一个统一的地心坐标系。目前，GPS、谷歌地图等使用的都是该坐标系。

上述坐标系之间可以在一定的误差范围内相互转换。

以前规划师开展规划时并不关心坐标系的问题，因为数据来源比较单一。但是现在不同了，规划师会拿到不同部门的数据以及不同时期的数据，当坐标系不同时，将不能叠加到一张底图中，必须进行坐标转换。那么有些规划师会问，把数据平移缩放后不就可以配准到一起了吗？试过之后就会发现相同坐标系的地图是可以的，但是不同坐标系的地图不管怎么平移、缩放、旋转都不可能精确地匹配。唯一可行的方法只有通过坐标转换。如果不知道具体的坐标系可以在上述四种坐标系中进行尝试。
</td></tr>
</table>

2. 加载 CAD 地形图并设置显示效果

当把【地形图 .dwg】作为底图时，往往希望它以不醒目的灰色细线出现在地图上，因此需要进行以下符号化设置：

■ 从【目录】面板中拖拉默认工作目录中的【地形图 .dwg】至地图窗口。由于 CAD 本身没有坐标系，所以它默认使用地图文档的坐标系。

■ 将建筑轮廓线多边形设为中空无填充样式。在【内容列表】面板中双击【地形图 .dwg Polygon】，进入【图层属性】对话框，切换到【符号系统】选项卡。

➢ 在【显示】栏中选择【要素】→【单一符号】。

> 点击【符号】栏的符号样式按钮▭，进入【符号选择器】对话框。点击【填充颜色】栏的下拉列表，从中选择【无颜色】。将【轮廓颜色】设为【Grey 60%】。点【确定】应用上述设置后所有多边形都变成中空单线样式。

■ 将所有线设为灰色细线。在【内容列表】面板中双击【地形图 .dwg Polyline】，进入【图层属性】对话框，切换到【符号系统】选项卡。

> 在【显示】栏中选择【要素】→【单一符号】。

> 点击【符号】栏的符号样式按钮，进入【符号选择器】对话框。将【颜色】设为【Grey 60%】，将【宽度】设为【0.4】。点【确定】应用上述设置后所有线条都变成灰色细线。

■ 将所有点设为灰色极小点，ArcGIS 加载 CAD 点要素时默认形状比较大，需要改小。在【内容列表】面板中双击【地形图 .dwg Point】，进入【图层属性】对话框，切换到【符号系统】选项卡。

> 在【显示】栏中选择【要素】→【单一符号】。

> 点击【符号】栏的符号样式按钮，进入【符号选择器】对话框。将【颜色】设为【Grey 60%】，将【大小】设为【0.4】。点【确定】应用上述设置。

■ 关闭图层【地形图 .dwg MutiPatch】。这是多面体要素，一般不需要它。

3．加载并配准遥感影像图

规划师经常会拿到没有坐标系的遥感影像图，所以经常需要依据地形图对它们进行配准。

■ 加载基础数据。从【目录】面板中拖拉默认工作目录中的【遥感影像图 .tif】至地图窗口。

■ 启动【地理配准】工具条。右键点击 ArcMap 任意工具条，在弹出菜单中选择【地理配准】工具条，弹出【地理配准】工具条（图4-6）；将工具条中的【图层】设为要被配准的【遥感影像图 .tif】。

图4-6　地理配准工具条

■ 使地图窗口最大范围地显示地形图 .dwg 的内容。在【内容列表】面板中右键点击图层【地形图 .dwg Group Layer】，在弹出菜单中选择【缩放至图层】。

■ 使地图窗口临时显示遥感影像图。由于没有坐标系的遥感影像图被加载后往往显示在地图窗口外，所以点击【地理配准】工具条上的【地理配准】下拉按钮，在下拉菜单中选择【适应显示范围】，该功能把要配准的图层的内容显示到当前显示范围，而不论其坐标位置。

■ 设置用于配准的坐标对。找到遥感影像图和地形图相对应的控制点（如建筑转角、道路中心线交点），点击工具条上的 ✒ 按钮添加控制点，首先点击遥感影像图中控制点的位置，然后再点击地形图上对应控制点的位置，完成一组控制点的链接。类似地再完成一组控制点的链接。之后就可以实时看到影像

图的大小、角度发生了变化，并与底图在位置上匹配了（图4-7）。

■ 进行矫正。点击【地理配准】工具条上的【地理配准】下拉按钮，在下拉菜单中选择【校正...】，弹出【另存为】对话框（图4-8），设置【格式】为【TIFF】，【压缩类型】为【LZW】，点【保存】生成配准后的 tiff 格式影像图。以后再加载该 tiff 影像图时，它都会显示在准确的位置。

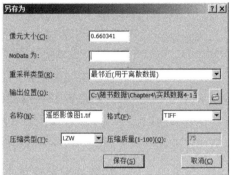

图 4-7　配准后的效果　　　　　　图 4-8　保存配准后的影像图

实践 4-2（续前，GIS 基础）构建地理数据库

实践概要		表 4-2
实践目标	设计并构建地理数据库	
实践内容	设计地理信息模型 新建地理数据库 新建要素集 设置坐标系 新建要素类	
实践数据	随书数据【\Chapter4\ 实践数据 4-1 至 4-4\】	

在开始 ArcGIS 地理数据建模之前，首先要对建模内容有一个初步的规划，分析要对哪些地理对象进行建模，这些地理要素有哪些属性。例如，本章要在 GIS 环境中构建用地现状模型，那么至少要有地块和道路两类地理对象，而道路又可以细分为现状道路红线、现状道路中心线两类子对象，或者更加细致地分为车行道、非机动车道、人行道、绿化带等地理对象。地块地理对象可以有地块编号、用地性质、权属等属性，而道路可以有道路名称、等级、车流量等属性。

对地理数据库中的内容有一个初步设计之后，在实践 4-1 制作的底图基础上，让我们开始构建一个地理数据库。这个地理数据库包括【现状道路中心线】、【现状道路红线】和【现状地块】三个地理对象。

■ 新建空的 Geodatabase。在【目录】面板中找到文件夹【\ 随书数据

\Chapter4\ 实践数据 4-1 至 4-4】，右键点击它，在弹出菜单中选择【新建】→【个人地理数据库】，将其改名为【现状】，目录下面将会出现⊞ 🗂 现状.mdb 图标。

> **ArcGIS 知识**
>
> 👍 个人地理数据库、文件地理数据库、ArcSDE数据库、ShapeFile的区别及适用场合
>
> ArcGIS的三种地理数据库——文件地理数据库、个人地理数据库和ArcSDE数据库，外加目前仍经常使用的ShapeFile，经常会让读者感到困惑。究竟应该使用哪一种数据库才合适，下面简要作一介绍：
>
> （1）个人地理数据库。利用 Microsoft Access 来存储和管理地理数据，每个个人地理数据库中的所有内容都保存在单个 Microsoft Access 文件（.mdb）中，支持的地理数据库的大小最大为 2 GB；数据库允许多位读取者和一位写入者；仅适用于 Windows 操作系统。
>
> （2）文件地理数据库。基于文件系统文件夹和文件来存储地理数据，每个文件地理数据库中的所有内容都保存在一个文件夹下的一系列文件中，每个数据集的大小最大为 1 TB，每个文件地理数据库可保存很多数据集；每个要素数据集、独立要素类或表都允许多位读取者或一位写入者；适用于多种操作系统平台。
>
> （3）ArcSDE数据库。在关系数据库中以表的形式保存的各种类型的 GIS 数据集的集合，支持的地理数据库的大小可达关系数据库极限；允许多位读取者和多位写入者，即允许多位用户同时编辑同一要素类；支持长事务和版本化，支持数据备份、恢复、复制，是功能最为全面的地理数据库；适用于多种操作系统平台。
>
> （4）ShapeFile。ESRI公司早期开发的一种非拓扑矢量数据开放格式，目前仍用于数据交换。一个ShapeFile文件最少包括三个文件：主文件*.shp、索引文件*.shx、dBASE表文件*.dbf，且只能存放一个要素类，shp文件或dbf文件最大不能够超过2 GB；不支持弧线矢量数据，不存储拓扑关系；允许多位读取者或一位写入者；适用于多种操作系统平台和多种GIS平台。
>
> 它们的适用场合如下：
>
> （1）在没有专用地理数据库服务器或者网络的情况下，只能使用个人地理数据库、文件地理数据库、ShapeFile，而不能使用ArcSDE数据库。
>
> （2）单机使用情况下，如果经常需要在不同电脑之间转移地理数据库，请使用个人地理数据库。如果使用文件地理数据库，因为它由许多文件组成，所以容易由于某一文件的丢失而造成数据库损坏。
>
> （3）如果不经常转移地理数据库，即仅在本机使用，请尽量使用文件地理数据库以获取更快的数据访问速度、更大的数据容量。
>
> （4）如果要编辑的数据需要同时被ArcGIS和其他GIS软件使用，请使用ShapeFile。目前，绝大多数GIS软件都支持ShapeFile。但是要特别注意的是，ShapeFile不支持弧线要素，如果你绘制了一条弧线，在ShapeFile保存时会将其转变为由一系列折点构成的折线。
>
> （5）如果是在小型网络环境下使用，且不希望花费巨资购买ArcSDE数据库平台，可以使用文件地理数据库，每个要素数据集、独立要素类或表都允许多位读取者或一位写入者。
>
> （6）如果存在多人同时编辑同一地理数据库的情况，或需要记录编辑过程中的各个历史版本，则必须使用ArcSDE数据库。

■ 新建要素数据集【现状要素】。右键单击⊞ 🗂 现状.mdb，选择【新建】→【要素数据集 ...】，弹出【新建要素数据集】对话框，设置【名称】为【现状要素】，点击【下一步】设置坐标系，选择【Projected Coordinate Systems\Gauss Kruger\Xian 1980\ Xian 1980 3 Degree GK CM 114E】（图 4-9）。点击下一步设置容差，认可默认设置，点击【完成】结束设置，目录下面将会出现⊞ 🗂 现状要素 图标。

⚓ 关于要素数据集和要素类的坐标系

如果对要素数据集设置了坐标系，那么该数据集中的所有要素类都会默认使用该坐标系，除非对某个要素类单独设置了坐标系。

当把带坐标系的要素类加载到地图时，如果它和地图的坐标系不相同，那么会弹出提示（图4-10），要求你设置坐标系转换参数，通常接受默认参数即可（这时候会有一定的误差，如果要非常精准地转换坐标系，还是需要向测绘部门获取坐标转换参数，但这一般是保密的），ArcGIS会自动将其转换成地图所用坐标系来加以显示，但仅仅用于显示，并不会改变要素类既定的坐标系。

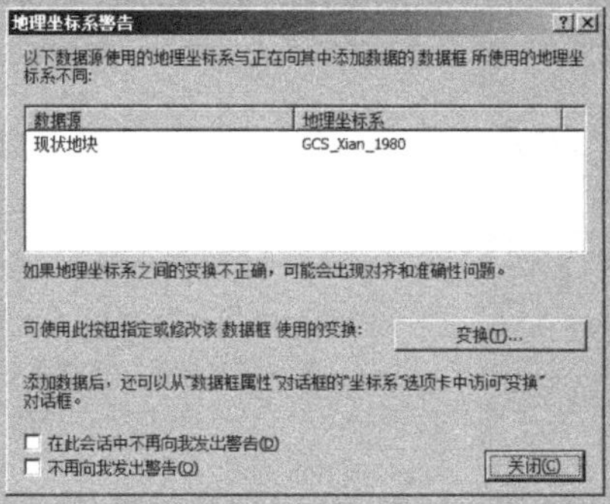

图 4-10　坐标系转换对话框

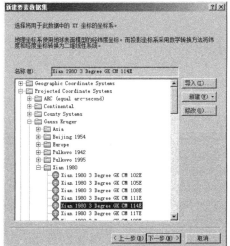

图 4-9　新建要素数据集

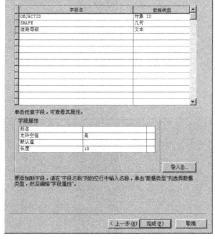

图 4-11　新建要素类

■　新建要素类【现状道路中心线】。右键单击⊞🗁现状要素，选择【新建】→【要素类...】，弹出【新建要素类】对话框。将【名称】设为【现状道路中心线】，【类型】设为【线要素】，点击【下一步】。

■　设置非空间属性。点击【字段名】列下的空白单元格，输入【道路等级】，点击该行的【数据类型】，改为【文本】类型，将【字段属性】栏下的【长度】改为【10】，意味着为 10 个字符长的文本类型，还可以根据自己的需要增加其他属性（图4-11）。

ArcGIS 功能说明

↓ ArcGIS非空间属性的数据类型

创建要素类和表时，需要为各字段选择数据类型（图4-12）。可用的类型包括四种数字类型（短整型、长整型、浮点型、双精度）、文本、日期、Blob（二进制大对象）、Guid（全局唯一标识符）。选择正确的数据类型可以正确地存储数据，并且便于分析、数据管理和满足业务需求。

图 4-12 字段的数据类型

这些类型的特征如下：

（1）短整型：介于-32，768 至 32，767之间的整数；

（2）长整型：介于-2，147，483，648 至 2，147，483，647之间的整数；

（3）浮点型：介于 -3.4E-38 与 1.2E38 之间的小数；

（4）双精度：介于-2.2E308 到 1.8E308之间的小数；

（5）文本：一系列字母和数字符号；

（6）日期：日期、时间或同时存储日期和时间；

（7）Blob：长度较长的一系列二进制数，可以存储复杂对象，如影像、视频等；

（8）Guid：一种由算法生成的二进制长度为128位的数字标识符，任何计算机都不会生成两个相同的Guid，因而被称作全球唯一标识符。

重复上述步骤，新建【现状道路红线】和【现状地块】要素类。【现状道路红线】为【线要素】，没有非空间属性。【现状地块】为【面要素】，有长度为 20 的文本型字段【用地性质代码】。空白数据库建好后如图 4-13所示。这些新建的要素类都会自动添加到【内容列表】面板中，如图 4-14所示。

图 4-13 新建地理数据库的目录 　图 4-14 新建要素类后的【内容列表】面板

4.2 绘制现状道路

上一节构建了用地现状的地理信息模型和地理数据库，接下来需要利用ArcGIS 的要素编辑工具往数据库中添加道路和地块。本节将通过实践"绘制现状道路"介绍线要素的各类编辑工具和编辑方法。

实践 4-3（续前，GIS 基础）绘制现状道路

实践概要　　　　　　　　　　　　　　　　　表 4-3

实践目标	学习对线要素的编辑方法，并完成现状道路的绘制
实践内容	启动、停止、保存编辑 学习使用【创建要素】面板中的构造工具 学习使用【编辑】、【高级编辑】、【要素构造】浮动工具条中的工具绘制道路，掌握绘制直线、弧线、线相交、内圆角、平行复制、分割、合并、修剪、延伸等编辑工具
实践数据	随书数据【\Chapter4\ 实践数据 4-1 至 4-4\】

1. 绘制道路中心线

■ 准备工作。确保【现状道路中心线】图层处于显示状态，否则开始编辑后，新绘制的要素将不可见。

■ 显示编辑工具条。点击主工具条上的【编辑器工具条】按钮 ，显示【编辑器】工具条（图 4-15）。或者右键单击任意工具条，在弹出菜单中选择【编辑器】（注：如果【编辑器】工具条本身已经出现，则无需上述操作，如果重复上述操作则会关闭该工具条）。

图 4-15　编辑器工具条

■ 开始编辑。点击【编辑器】工具条上的 编辑器(R)▼ 下拉菜单，选择【开始编辑】。

➤ 在弹出的【开始编辑】对话框中选择要编辑的图层【现状道路中心线】（图 4-16），点【确定】。

➤ 主界面右侧会显示【创建要素】面板（图 4-17）。面板上部显示了可以编辑的要素类的绘图模板。

图 4-16　选择编辑对象　　　　　图 4-17　【创建要素】面板

> **ArcMap 功能说明**　⊥ 关于要素编辑
>
> 　　ArcMap同时编辑一个要素数据集或一个文件夹下的所有要素类。如图4-13所示，由于【现状道路中心线】、【现状道路红线】和【现状地块】都位于同一要素数据集【现状要素】下，所以这三个要素类都同时出现在【创建要素】面板中。如果地图文档中的所有要素类不是位于同一个要素数据集或一个文件夹下，这时点击【开始编辑】后，系统会弹出【开始编辑】对话框（图4-16），让用户选择一个图层或工作空间来进行编辑。
>
> 　　如果开始编辑之后，新加载了位于同一要素数据集或文件夹下的要素类，该要素类是不会出现在【创建要素】面板中的。

■ 学习基本的绘图工具。让我们先通过绘制一个简单的要素来学习这些工具，要绘制的要素如图 4-18 所示。

　　➤ 在【创建要素】面板中选择【现状道路中心线】模板，在【构造工具】下选择【线】。

　　➤ 绘制第一段直线。找一处空白的没有地形图的位置，点击该位置开始绘制直线，找到直线合适的终点，再点击一次绘出第一段直线。开始绘制后，会出现浮动工具条 ，它提供了一系列快捷工具。

　　➤ 绘制第二段垂线。点击浮动工具条上的【约束垂直】工具 ，然后点击之前绘制的那段直线作为垂直参照对象，移动鼠标，会发现新绘制的直线都是与之垂直的，找到该直线合适的终点，点击完成第二段直线。

　　➤ 绘制一段正切弧线。点击浮动工具条中的工具列表 ，从中选择【正切曲线段】工具 （图 4-19），移动鼠标，你会发现新绘制的弧线始终与第二段直线正切，找到弧线合适的终点，点击完成正切弧线的绘制。

　　➤ 绘制一段平行直线。点击浮动工具条中的【约束平行】工具 ，然后点击第一条直线作为被平行参照对象，移动鼠标，会发现新绘制的直线都是与之平行的。点击鼠标右键，弹出菜单中还有许多辅助绘图的工具（图 4-20），选择【长度 ...】，在弹出对话框中输入 50（图 4-21），

图 4-18　绘图结果

图 4-19　绘图工具列表

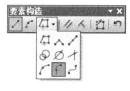

图 4-20　编辑时的右键菜单　图 4-21 设置绘图长度

敲击键盘中的回车键确认后，可以绘制一条长度为 50 的平行直线。

➤ 点击浮动工具条中的【完成草图】按钮（或者以双击的方式绘制最后一个节点），结束绘制。绘制过程中，可以点击【撤销】工具 回退到上一步。亦可以在右键菜单中选择【删除草图】删掉正在绘制的要素。绘制好的要素如图 4-18 所示。

➤ 使用【编辑器】工具条中的【编辑工具】 选择之前绘制的要素，然后点击键盘上的【Delete】键删除这一要素。

■ 绘制 3 条直线路段的道路中心线，如图 4-22 所示，必要的时候请关闭捕捉功能（具体操作详见实践 2-5）。

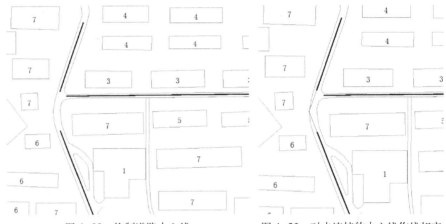

图 4-22　绘制道路中心线　　　　　图 4-23　对未连接的中心线作线相交

■ 绘制道路正切弧线段。在工具条中点击右键，勾选【高级编辑】，显示【高级编辑】工具条 。

➤ 点击【高级编辑】工具条上的【线相交】图标 ，然后依次点击图 4-23 所示的两条南北向的道路中心线，之后两条线会自动延长并交在一起，在地图窗口空白处单击鼠标左键确认相交操作。

➤ 点击【高级编辑】工具条上的【内圆角工具】 ，然后依次点击之前相交操作的两段直线，移动鼠标会发现临时出现一段弧，移动鼠标找到合适的弧线半径，单击鼠标左键确认操作，之后会弹出【内圆角】对话框（图 4-24），让人选择新绘内圆角要素存放的图层，点【确定】认可默认设置，完成后如图 4-25 所示。

图 4-24　选择内圆角要素的模板

图 4-25　内圆角后的效果

2. 绘制道路边线

■ 合并道路中心线。点击【编辑器】工具条上的 ▶，按住 Shift 键选择图 4-25 中南北向道路的所有道路中心线（注：按住 Shift 键后允许多选，否则每次只能选择一个要素），然后点击编辑器(R)▼，在下拉菜单中选择【合并】，在弹出的【合并】对话框中选择合并依存的要素（其他要素将合并到该要素）（图 4-26），确认后，所选的线段就合并为一条了。

■ 平行复制。按住 Shift 键选择现有的两条道路中心线，点击编辑器(R)▼，在下拉菜单中选择【平行复制】，弹出【平行复制】对话框（图 4-27）。

> 将【模板】改为【现状道路红线】，意味着平行复制后，新生成的要素将放在【现状道路红线】要素类。

> 设置【距离】为【5】，【侧】设置为【两侧】，意味着距离所选线两侧各 5m 进行平行复制。点【确定】完成平行复制。

> 类似地对东西向道路中心线作平行复制。平行复制后如图 4-28 所示。

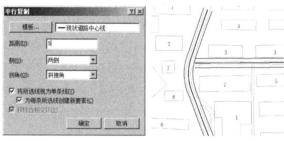

图 4-26 选择合并依存的要素　　图 4-27 设置平行复制　图 4-28 平行复制后的效果

3. 修剪路口

■ 打断路口。首先利用【编辑器】工具条上的 ▶点选南北向道路的右边线，然后点击【编辑器】工具条上的【分割工具】 ✖，点击该线位于路口的路段，将该线一分为二，结果如图 4-29 所示。

■ 用【内圆角工具】倒角。点击【高级编辑】工具条上的【内圆角工具】 ▨,右键点击地图窗口中的任意位置,在弹出的右键菜单中勾选【固定半径】(图 4-30)，然后再次右键单击让右键菜单再次出现，点选【设置半径 ...】，输入 5,然后开始倒角,让新生成的要素使用【现状道路红线】模板。结果如图 4-31 所示。

■ 延伸道路中心线。首先使用 ▶选择南北向道路中心线作为延伸参考线，然后选择【高级编辑】工具条上的【延伸工具】 →|,再点选东西向道路中心线，即可使之延伸至南北向道路的中心线。结果如图 4-32 所示。

■ 修剪道路中心线。相反，如果东西向道路中心线越过了南北向道路中心线，则需要对东西向道路中心线进行修剪。首先使用 ▶选择南北向道路中心线作为修剪参考线，然后选择【高级编辑】工具条上的【修剪工具】 ┼,再点选东西向道路中心线越过南北向道路中心线的那段，即可将这多余的部分修剪掉。

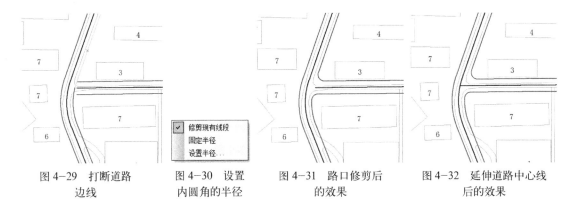

图4-29　打断道路　　　图4-30　设置　　　图4-31　路口修剪后　　　图4-32　延伸道路中心线
　　　　边线　　　　　　　内圆角的半径　　　　　的效果　　　　　　　后的效果

4. 绘制所有路段

重复上述步骤完成所有道路的绘制，如图4-33所示。过程中可以用到以下相关技巧：

■ 批量设置延伸或修建的参考线。可以使用▶拉框选择多个参考线，然后再用延伸工具或修剪工具修改系列目标线，这样效率更高。

■ 将要素从一个图层移到另一个图层。如果错误地使用【现状道路红线】模板绘制了道路中心线，可以首先用▶选择它们，然后在键盘键入Ctrl+X（同时敲击这两个键，执行剪切功能），它们会从图面上消失，再键入Ctrl+V（执行粘贴功能），在弹出的粘贴对话框中选择要移动到的目标要素类（图4-34）。

图4-33　绘完所有道路　　　　图4-34　将要素从一个图层移到另一个图层

■ 绘制过程中时不时点击 编辑器(R)▾，选择【保存编辑】，以防数据丢失。

5. 停止并保存编辑

■ 点击 编辑器(R)▾，在下拉菜单中选择【停止编辑】，会弹出对话框询问【是否保存编辑内容】，点击【是】。

4.3　绘制现状地块

本节将通过实践"绘制现状地块"介绍面要素的各类编辑工具和编辑方法。

实践 4-4（续前，GIS 基础）绘制现状地块

实践概要		表 4-4
实践目标	学习对面要素的编辑方法，并完成现状地块的绘制	
实践内容	学习限定可供选择的对象 学习使用【编辑】、【高级编辑】、【拓扑】工具条中的工具绘制地块,掌握构造面、分割面、裁剪面、合并、追踪、自动完成面等编辑工具 学习属性录入方法 学习使用要素模板构建要素 复习道路绘制的技巧	
实践数据	随书数据【\Chapter4\ 实践数据 4-1 至 4-4\】	

1. 根据现状道路红线构建现状地块

本实践将首先使用【拓扑】工具条中的【构造面】工具，针对所选现状道路红线要素，根据它们之间的围合关系，一次性构造出所有可能的面。

■ 继续编辑。右键点击图层【现状地块】，在弹出菜单中选择【编辑要素＼开始编辑】，随后显示【创建要素】面板（注：这是启动要素编辑的另一种方法）。

■ 设置可被选择的要素类为【现状道路红线】。

➢ 点击【内容列表】面板顶部工具条中的【按选择列出】按钮，【内容列表】将列出可被选择的那些要素类（图 4-35）。

➢ 点击除【现状道路红线】外的其他所有图层旁的按钮，意味着将其切换到不可被选择的状态，之后这些图层中的要素都不能够被选中。设置好后如图 4-36 所示。

图 4-35 按选择列出的【内容列表】　　图 4-36 设置图层的可选状态

■ 选择所有道路红线要素。使用工具，拉出一个覆盖所有现状道路红线的选择框，由于上一步设置了可选要素只有【现状道路红线】，所以只有现状道路红线被选中。

■ 使用【拓扑】工具条中的【构造面】工具，一次性构造出所有地块。点击【拓扑】工具条上的【构造面】工具，弹出【构造面】对话框（图 4-37），将【模板】设置为【现状地块】,设置【拓扑容差】为【0.1】。然后点击【确定】，短暂计算后即可生成面（图 4-38）。

图 4-37 构造面的设置

图 4-38 构造面的结果

图 4-39 添加的支路

2. 修改面，抠出支路

■ 添加一条支路。按照上一实践中绘制道路边线的方法绘制一条支路（图 4-39）。需要的时候调整【现状地块】图层的透明度，或关闭该图层。绘制该路的时候不需要道路中心线，可以先绘制单边的边线，然后使用【平行复制】复制出另一边的边线，这时需要把【平行复制】的【侧】属性设为【左侧】或【右侧】，最后对路口进行倒角。

■ 用道路红线分割地块。

➢ 选中上一步所绘支路的所有道路红线，包括倒角弧线。

➢ 点击【拓扑】工具条中的【分割面】工具，会弹出【分割面】对话框（图 4-40），将分割【目标】设为【现状地块】，【拓扑容差】设为【0.1】，然后点击【确定】执行分割。

➢ 在【内容列表】中将【现状地块】设置为可选，然后选择支路分割出的多边形，点 Delete 键将其删除，结果如图 4-41 所示。

图 4-40 分割面的设置

图 4-41 抠掉支路后的效果

3. 根据用地性质切分地块

■ 使用【编辑】工具条中的【裁剪面工具】裁剪地块。选择中间最大的地块，点击【编辑】工具条中的【裁剪面工具】，根据现状底图勾出中部绿地和住宅之间的边界（图 4-42），此地块就被自动分为两个地块。继续按照图 4-43 所示完成所有分割。

4. 可视化地为每个地块录入【用地性质代码】属性

为了直观看到录入的属性，首先需要对【现状地块】按照【用地性质代码】属性作【类别＼唯一值】符号化，并设置自动标注。这样之后每设置完一个

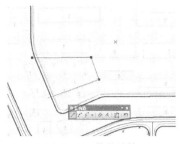

图 4-42 裁剪地块

图 4-43 地块被裁剪后的结果

地块的【用地性质代码】属性，该地块就会立刻转变成对应的颜色，并将用地
性质代码自动标注在地块中间。

■ 设置【现状地块】符号化。双击【现状地块】图层，进入【图层属性】
对话框，切换到【符号系统】选项卡。

➢ 在【显示】栏下展开【类别】，选择【唯一值】，在【值字段】栏的下
拉列表中选择【用地性质代码】。

➢ 点击【添加值...】按钮，显示【添加值】对话框（图 4-44），该对
话框用于添加类别，而分类标准在这里是属性的值。

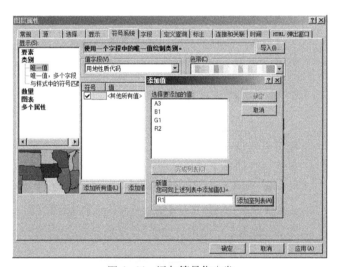

图 4-44 添加符号化分类

➢ 在【新值】栏中输入【A3】，然后点【添加至列表】按钮将其加入到
上部的列表框。类似地添加 B1、G1、R2、R1，这些用地性质代码都是
接下来要用的。

➢ 选择列表框中的所有属性值（选择第一项后，按住 Shift 键的同时选择
最后一项；或者按住 Ctrl 键的同时逐一选择各项），然后点【确定】确
认。这时所有属性值都被加入到符号化列表框中，每一个属性值都被
随机指定了一个颜色。

➢ 将各个符号调整成规划通常使用的颜色。点【确定】应用该符号化。

■ 为【现状地块】设置自动标注，标注内容为【用地性质代码】，具体操
作详见实践 3-6。

■ 为地块录入属性。点击【编辑】工具条上的【属性】工具▦,打开【属性】面板。使用▶工具选择某一地块后,【属性】面板就会显示该要素的所有属性,点击【用地性质代码】旁的表格,录入相应的用地性质（图4-45）,该地块随即转变成对应的颜色。逐个录入属性后结果如图4-46所示。

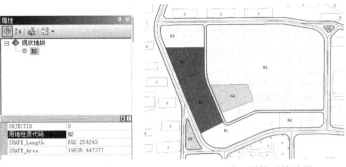

图4-45 录入属性　　　图4-46 录入属性后的效果

5. 合并地块

■ 合并最南边的R1、R2两块用地。使用▶工具,按住Shift键同时选择这两个地块,点击 编辑器 ®▾,在下拉菜单中选择【合并】,之后会弹出对话框让人选择合并依存的要素（其他要素将合并到该要素）,选择R1的地块。合并后R2的用地并入R1的用地。

6. 使用模板直接绘制地块

按照上述第5步对【现状地块】图层设置了专题符号后,我们可以把每一类符号变成一个绘图模板,该模板类似于一个绘图工具,按照该模板绘制的要素就自动拥有了符号对应的属性值和图形样式,如此绘图工作变得更加直观了。

■ 创建模板。右键单击【现状地块】图层,在弹出菜单中选择【编辑要素＼组织要素模板...】,显示【组织要素模板】对话框（图4-47）。可以看到【现状地块】图层已经有了一个默认模板【现状地块】,这也是我们之前一直在使用的绘图模板。

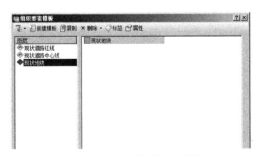

图4-47 【组织要素模板】对话框

➤ 点击对话框上的工具 ▤新建模板,显示【创建新模板向导】对话框（图4-48）,开始新建模板。

➤ 勾选【现状地块】图层,将对该图层创建模板,点【下一步】。

➤ 勾选【现状地块】图层下的所有分类（图4-49）,点【完成】,然后点【关闭】。

图 4-48　创建新模板向导一

图 4-49　创建新模板向导二

这时候所有分类都被作为一种模板加入到【创建要素】面板中,如图 4-50 所示,【现状地块】图层已经有了 A3、B1 等五种模板。在任意模板上点右键,选【属性…】就可以在模板属性对话框中看到其中的【用地性质代码】属性值已设置成之前用于符号化的属性值(图 4-51)。

图 4-50　创建好的模板　　　　　　图 4-51　模板的属性

ArcGIS 功能说明　⬇ 关于模板
　　所有绘图模板的绘图符号(例如颜色)都是源自图层的分类符号,如果更改了图层中的分类符号,那么模板的符号也会随之改变。

■ 使用模板,结合【追踪】绘制紧贴道路的地块,如图 4-52 所示。

➤ 在【创建要素】面板中选择 G1 模板。

➤ 打开捕捉功能,捕捉到南北向道路右边线最北面的顶点,点击该位置开始绘制地块。

➤ 点击浮动工具条上绘图工具列表中的【追踪】工具 ⚐· (它能够沿着指定线条绘出一条与之完全重叠的线),选择南北向道路右边线作为被追踪的对象,移动鼠标,会发现新绘线条与南北向道路右边线的走向完全一致。

➤ 在追踪结束点单击鼠标,然后点击浮动面板中的【直线段】工具 ✐,结束追踪,继续直线段的绘制。

➤ 绘制直线段到右侧的城市干道边线后,再次使用【追踪】,沿城市干道边线向北追踪,直至回到地块起点,双击完成地块绘制,其结果如图

4-52 所示,可以发现从一开始绘制,所绘多边形就采用了 G1 的颜色,绘制完成后地块被自动标注了 G1,不再需要录入属性了。

■ 使用模板,利用【自动完成面】绘制其他紧邻地块。【自动完成面】是【创建要素】面板中的一种构造工具,其作用是在已有面的基础上增加与之邻近的其他面,而不需要绘制两者之间的重复边,例如在图 4-53 所示矩形外部,用【自动完成面】描出紧邻多边形的一条外轮廓线,双击完成绘制之后,该工具可以自动绘制两者之间的重叠边,形成一个完整多边形。该工具被用于现状用地绘制时效率非常高。

➢ 在【创建要素】面板中选择 R2 模板。

➢ 点击【创建要素】面板中的构造工具 自动完成面,结合【追踪】工具绘制如图 4-54 所示 R2 地块。

至此,所有现状地块均已绘制完毕,并使用了绝大多数的绘图工具和技巧。

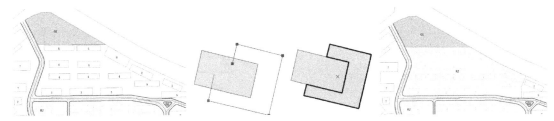

图 4-52　利用模板和跟踪绘制的地块　　图 4-53　自动完成面示意　　图 4-54　利用【自动完成面】绘制的地块

4.4　制作现状图纸

前几节完成了土地使用现状图中的地图内容,但要制作一幅完整的"土地使用现状图"专题图纸,还需要添加图框、指北针、比例尺、图名、图例等图纸构件,这些工作都可以在 ArcGIS 下轻松完成。

实践 4-5(续前,GIS 基础)制作现状图纸

实践概要		表 4-5
实践目标	学习制作一幅完整的规划图纸	
实践内容	学习在布局视图中设置图面、图廓,添加标题、指北针、比例尺、图例	
实践数据	随书数据【\Chapter4\ 实践数据 4-5\】	

1. 设置图面

■ 启动 ArcMap,打开地图【\ 随书数据 \Chapter4\ 实践数据 4-5\ 土地使用现状图 .mxd】。

■ 切换到布局视图。点击图面左下角工具条 上的【布局视图】按钮,切换到布局视图(或者点击系统菜单,选择【视图 \ 布局视图】),会看到地图内容被放到一个画布中。

■ 设置页面尺寸。点击系统菜单【文件】→【页面和打印设置】,显示【页面和打印设置】对话框（图4-55）,在【纸张】栏,设置【大小】为【A3】,【方向】为【纵向】。

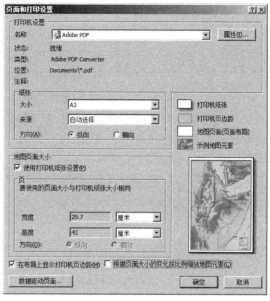

图4-55 设置图纸页面

■ 调整图框大小、位置。点击工具条上的选择元素按钮，然后点击图框，图框上出现编辑点，拖拉编辑点可调整图框尺寸。将鼠标移动到图框内侧，拖拉则会移动图框位置，将图框调整到图4-56所示位置和形状。

■ 调整数据内容的比例。如果图框中的关键内容形状和位置不理想,可以使用【工具】工具条上的【放大缩小】工具或者【固定比例放大缩小】工具进行图形放大和缩小,使用【平移】工具调整位置。

图4-56 调整好的图框

2. 添加标题框和图例框

ArcMap布局视图中的图框都是内图廓线,紧接之前步骤,操作如下:

■ 插入标题的内图廓线。点击菜单【插入】→【内图廓线 ...】,按照图4-57所示设置具体参数,其中把【间距】设为【0】,背景设为【Grey 10%】。点【确定】。出现一个覆盖整个页面的内图廓线。

■ 点击工具条上的选择按钮，然后点击选择内图廓线,出现编辑点,调整内图廓线,如图4-58所示。再以相同的步骤新增一个图例的内图廓线（图4-59）。

图 4-57　设置内图廓线

3. 添加标题

紧接之前步骤，操作如下：

■ 插入标题。点击【插入】→【文本】，把新添的标题移动到顶部内图廓线内。

■ 输入标题文字。双击标题，显示【属性】对话框。把【文本】栏的文字替换成"某某学校土地使用现状图"。将【字符间距】设为【56】。点击【更改符号...】按钮，显示【符号选择器】对话框，设置字体为【黑体】，大小为【48】，点击【确定】。应用设置，并将标题调整到合适位置（图4-60）。

图 4-58　添加标题的图廓线

图 4-59　添加图例的图廓线

图 4-60　添加标题

4. 添加指北针和比例尺

紧接之前步骤，操作如下：

■ 插入指北针。点击菜单【插入＼指北针...】，显示【指北针选择器】对话框，在其中选择合适的指北针后点击【确定】。将指北针移动到到合适位置，拖拉编辑点，调整到合适大小。ArcMap会根据数据中数据的方向，自动调整指北针的方向。

■ 插入比例尺。点击菜单【插入＼比例尺】，显示【比例尺选择器】对话框，选择名称为【Double Alternating Scale Bar 1】的比例尺。点击【确定】（注：加入比例尺前需要确然所绘地图设置了单位，详见实践4-1）。

> 将比例尺条移动到合适位置，并缩放到合适大小。比例尺条上的刻度数字会根据数据框中数据的比例自动调整。

> 调整比例尺刻度。双击比例尺条，显示【属性】对话框（图4-61），将【比例和单位】选项卡中的【主刻度数】设置为【2】，【分刻度数】设置为

【2】，意味着比例尺条将有 2 个主要刻度，第一个刻度被细分为 2 个刻度。【主刻度单位】设为【m】。应用此设置。

➢ 选择比例尺，并拖拉其编辑点使其长度为 100m，最终效果如图 4-62 所示。

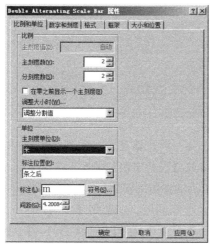

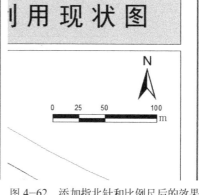

图 4-61　设置比例尺　　　　　　　图 4-62　添加指北针和比例尺后的效果

5. 添加图例

ArcMap 提供了强大的图例自动生成工具。并且图例和数据的符号化方式是同步更新的（例如填充颜色），这为规划制图提供了极大的便利。

紧接之前步骤，操作如下：

■ 插入图例。点击菜单【插入 ＼ 图例】，显示【图例向导】对话框（图 4-63）。

➢ 对话框的【图例项】中，所列图层的图例将被添加到布局地图。本例中不需要 CAD 底图的图例，因此按住 Shift 选择它们，然后点击 < 按钮移出它们。点【下一步】。

➢ 选择【图例项】栏中的图层【现状地块】，点击右边的 ↑ 按钮，将其位置调整到顶部。【图例项】中图层的顺序决定着最终生成图例的顺序，本例让【现状地块】中的所有图例排在最靠前的位置。

➢ 点击【下一步】进入设置标题的向导。设置字体和字号。

➢ 一直点【下一步】，认可默认设置，直到【完成】。自动生成的图例如图 4-64 所示。

➢ 将图例移动到合适位置。

■ 优化图例样式。双击图例，显示其【属性】对话框。

➢ 删除图例文字 "现状地块" 和 "用地性质代码"。这是图层名和分类要素属性名。切换到【项目】选项卡，点击【样式】按钮，选择【Horizontal Single Symbol Label Only】样式（图 4-65），点击【确定】即可。

➢ 设置列图例布局。在【项目】选项卡的【图例项】中选择【现状地块】，

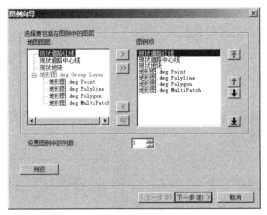

图 4-63　添加图例的向导对话框　　　图 4-64　自动生成的图例

将【列】设置为 2。再选择【现状道路红线】，勾选【置于新列中】。上述设置意味着将【现状地块】的图例分为 2 列布局，而将【现状道路红线】及其之后的图层的图例另起一列布局。

> 调整图例项的大小和间距。切换到【图例】选项卡，在【修补程序】栏中设置图例项的宽度为【65】，高度为【25】；在【以下内容之间的间距】栏，设置列间距【列】为 20、行间距【面（垂直）】为 10（图 4-66）。点【确定】完成设置。

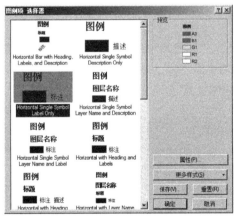

图 4-65　选择图例项的样式

图 4-66　调整图例项的大小和间距

■ 删除【＜其他所有值＞】图例项，这是多余的。由于图例和图层符号化是绑定的，因此首先要从图层符号中删除【＜其他所有值＞】图例项。双击【现状地块】图层，进入【图层属性】对话框，切换到【符号系统】选项卡，取消【＜其他所有值＞】前的勾选。应用该设置后【＜其他所有值＞】图例项随之消失。

■ 修改图例项的说明文字。在【现状地块】图层的【图层属性】对话框中，切换到【符号系统】选项卡，修改符号列表中每个符号的【标注】，如图 4-67 所示，修改符号化设置后图例项的说明文字会随之自动更新。最终效果如图 4-68 所示。

图 4-67 修改符号标注　　　　　　　图 4-68 最终的土地使用现状图

4.5 本章小结

本章以绘制土地使用现状图为例，介绍了 ArcGIS 的建库、绘图、编辑、制图等一系列规划地理数据建模方法。一般而言，可以按以下步骤开展：

（1）准备底图，包括设置坐标系、单位，加载地形图、遥感影像图、交通图等并通过符号化制作成美观的底图。

（2）设计地理信息模型，构建地理数据库。

（3）在 ArcMap 中，利用各种绘图和编辑工具，绘制各个地理要素，这些工具包括绘直线、弧线、追踪、线相交、内圆角、平行复制、分割、合并、修剪、延伸、构造面、分割面、裁剪面、自动完成面等。

一般而言，需首先设置要编辑要素类的符号系统，使得绘的要素马上拥有对应的符号表达方式。同时，要编辑的要素类只有有了符号系统之后，才能使用模板绘图，模板把每一类符号变成一个绘图工具，按照该工具绘制的要素就自动拥有了符号对应的属性值和图形样式。

（4）为图面添加文字标注。

（5）在布局视图中添加图框、标题、比例尺、指北针等图纸构件并完成图纸。

本章是后续章节的基础，同时基于本章的内容可以绘制其他规划图纸，需要读者反复演练直至熟练掌握。

练习4-1：制作某街区用地现状图

请以随书数据【\Chapter4\ 练习数据 4-1\ 遥感影像图 .tif】为底图，制作该街区的用地现状图。请自行新建地图文档，设计地理信息模型，构建地理数据库，录入道路、地块等要素，并制作专题图纸，如图 4-69 所示。随书数据【\Chapter4\ 练习数据 4-1\ 某街区土地使用现状图 .png】给出了该练习的参考结果。

图 4-69　某街区土地使用现状图

第5章 统计现状容积率——矢量数据叠加分析

　　叠加分析是 GIS 中常用的空间分析。叠加分析将有关数据要素类进行空间叠加产生一个新的要素类，其结果是综合了原来两个或多个要素类的几何形态和所有属性。这在城市空间分析中发挥着十分基础性而又重要的作用，因为在很多情况下需要将多个要素类的信息整合到一起，例如，在已有建筑要素类和用地权属要素类的情况下，假如想为所有建筑都赋予用地权属信息，叠加就可以解决这个问题，否则就只有逐栋建筑录入用地权属信息。类似的还有，在已有某区域的交通评价图、生态环境评价图、地形评价图的情况下，通过叠加得到每一个空间位置的所有分项评价。

　　空间叠加包括矢量数据的叠加和栅格数据的数学运算，前者会综合叠加要素类的所有要素属性，以及要素几何形态；而后者是多幅栅格数据之间的栅格数据值的数学运算，如加、减、乘、除等。本章将结合现状容积率统计介绍矢量数据的叠加分析方法。通过本章的学习，将掌握以下知识或技能：

- ArcGIS 的七类矢量叠加分析工具；
- CAD 数据导入 GIS 的方法；
- 要素属性表的编辑；
- 属性表和属性表的连接；

■ ArcGIS "模型构建";

■ 规划空间分析的思路。

5.1 现状容积率统计思路和GIS叠加分析方法

控制性详细规划往往需要对现状容积率进行统计,把它作为规划容积率的参考。这在传统 CAD 平台下是一件极其费时费力的工作,而利用 GIS 技术却可以非常轻松而高效地完成。其基本思路是:

■ 从地形图中提取建筑要素类到 GIS,同时获取层数属性;

■ 将建筑要素类与现状地块要素类相交叠加,得到建筑和地块的交集部分——显然为地块内的建筑,并且交集部分会拥有建筑和地块的所有属性,其中就包括地块编号属性(图 5-1),正是根据这一属性就可以知道每栋建筑属于哪个地块;

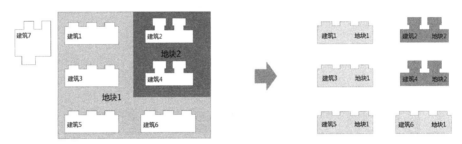

图 5-1　建筑和地块相交叠加示意

■ 对相交叠加的结果按照地块编号分类,就可以知道每个地块中有哪些建筑,然后分别汇总建筑面积,除以地块面积后得到各地块的容积率。

包括相交叠加在内,ArcGIS 主要提供了七类叠加分析工具,分别是相交(Intersect)、联合(Union)、更新(Update)、擦除(Erase)、空间连接(Spatial Join)、交集取反(Symmetrical difference)和标识(Identity),详见表 5-1。

ArcGIS 的七类叠加分析工具　　　　　　　　　　　　　　　　　　表 5-1

类型	含义	图示
相交 (Intersect)	得到输入要素类和相交要素类的交集部分,并且得到的新要素类将同时拥有两个要素类的所有属性	输入要素　相交要素　输出要素
联合 (Union)	把两个要素类的区域范围联合起来,并保持来自输入要素类和叠加要素类的所有要素,且得到的新要素类将同时拥有两个要素类的所有属性	输入要素　联合要素　输出要素
更新 (Update)	对输入要素类和更新要素类进行合并,并且重叠部分将被更新要素类所代替,而输入要素类的那一部分将被擦去	输入要素　更新要素　输出要素

续表

类型	含义	图示
擦除 (Erase)	输入要素类根据擦除要素类的范围大小，将该范围内的要素擦除	
空间连接 (Spatial Join)	根据要素间的空间关系将一类要素的属性连接到另一类要素上	
交集取反 (Symmetrical difference)	得到两个要素类中不相交的部分，并且得到的新要素类将同时拥有两个要素类的所有属性	
标识 (Identity)	输入要素类和识别要素类进行相交叠加，在图形相交的区域，输入要素类的要素或要素片段将获取识别图层的属性	

5.2 将建筑CAD导入GIS并赋予层数属性

实践 5-1（GIS 基础）建筑 CAD 导入 GIS 的方法一：直接导入

实践概要 表 5-2

实践目标	掌握直接导入 CAD 要素类的方法，以及"空间连接"的叠加方法
实践内容	导入 CAD 要素类，并筛选、重命名所需属性，特别是图层属性 学习"空间连接"的叠加方法 复习自动标记，用于显示建筑层数 复习要素编辑功能
实践数据	随书数据【\Chapter5\ 实践数据 5-1 至 5-3\】

1. 在 AutoCAD 中处理建筑轮廓线

本方法直接从 CAD 中导入建筑轮廓线，它需要 CAD 文件达到如下要求：

（1）由于 GIS 数据库中的建筑要素类是面类型的要素，因此 CAD 中的建筑轮廓线也必须被处理成封闭的多义线，否则 ArcGIS 不会将其识别为面。

（2）每栋建筑轮廓线中只能有一个层数标注。如果有两个以上的层数标注，ArcGIS 将其转换成建筑属性时会随机选择一个；如果没有层数标注，ArcGIS 会从周边标注中找出一个距离最近的标注。

（3）地形图中要素很多，请删掉除建筑外轮廓线和层数标注以外的全部其他要素。

■ 请按照上述要求对随书数据【Chapter5\ 实践数据 5-1 至 5-3\ 地形图 .dwg】进行处理，处理好的建筑轮廓线如图 5-2 所示，可参见随书数据【Chapter5\ 实践数据 5-1 至 5-3\ 建筑 .dwg】。

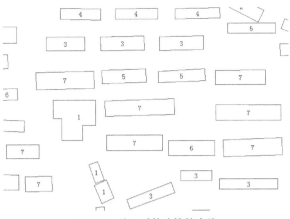

图 5-2　处理后的建筑轮廓线

2. 导入 CAD 建筑外轮廓线

■　启动 ArcMap，加载【\ 随书数据 \Chapter5\ 实践数据 5-1 至 5-3\ 建筑 .dwg】项下的【Polygon】和【Annotation】要素类（【建筑 .dwg Annotation】是建筑层数的注记，该要素类的【Text】属性列记录了标注内容，即建筑层数）。

■　导入【建筑 .dwg Ploygon】。在【目录】面板中，右键点击随书数据中的要素数据集【\Chapter5\ 实践数据 5-1 至 5-3\ 现状 .mdb\ 现状要素】，在弹出菜单中选择【导入】→【要素类（单个）】，弹出【要素类至要素类】的窗口（图 5-3）。

> 设置【输出要素类】的名字为【建筑】。

> 点击按钮⊠删除【字段映射】栏中除【Layer（文本）】以外的所有其他字段。这些字段都是 CAD 字段，保留的字段将被带入到导入后的要素类中。

> 单击【Layer（文本）】，使其进入可编辑状态，将其重命名为【建筑功能】，意味着【建筑 .dwg Ploygon】中的图层属性导入后被更名为建筑功能，实际上【建筑 .dwg】中不同功能的建筑被放到不同的图层中。

图 5-3　【要素类至要素类】窗口

图 5-4　导入后的【建筑】属性表

■ 导入成功后，导入的要素类【建筑】会被自动加载，打开其属性表（图5-4），可以看到 CAD 文件中的图层属性被导入成【建筑功能】属性。

3. 利用【空间连接】功能使建筑要素拥有层数属性

本节将使用 GIS 叠加中的【空间连接】，它根据空间关系将一个要素类的属性与另一个要素类的属性进行连接，目标要素和连接要素的属性都被写入到输出要素类。

■ 浏览到【工具箱 \ 系统工具箱 \Analysis Tools\ 叠加分析 \ 空间连接】，双击【空间连接】，弹出【空间连接】窗口（图5-5）。

> 设置【目标要素】为【建筑】。

> 设置【连接要素】为【建筑 .dwg Annotation】，这是建筑层数的注记要素类。

> 设置【输出要素类】的路径，例如【\Chapter5\ 实践数据5-1至5-3\ 现状 .mdb\ 现状要素 \】。

> 设置【连接要素的字段映射】，这是目标要素和连接要素的所有字段，其中【Text】字段为建筑层数，单击它，将其重命名为【层数】，删掉除【建筑功能】和【层数】之外的所有其他属性。

> 设置【匹配选项】为【CLOSEST】（【CLOSEST】表示每个建筑面都会自动匹配离它最近的属性）。

> 设置【距离字段名】为【distance】，该字段记录了建筑所匹配的属性与它之间的距离。

> 点【确定】。连接完成后 ArcMap 会自动加载新生成的【建筑带层数】到当前地图文档。查看该要素类的属性表，我们可以看到每栋建筑都拥有了【层数】字段。

■ 检查属性的正确性。打开【建筑带层数】的属性表（图5-6）可以看

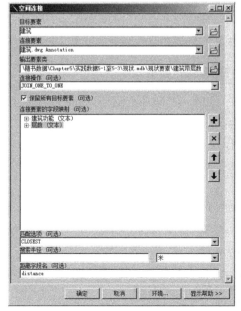

图5-5 【空间连接】对话框

图5-6 查看【distance】属性

到每栋建筑都拥有了【层数】字段。查看【distance】字段，它记录了空间连接时建筑所匹配的标注要素与它之间的距离，如果为 0，意味着标注要素位于建筑内，如果大于 0，意味着位于建筑外。检查【distance】字段大于 0 的要素，如果不正确请手动编辑其【层数】属性。

实践 5-2（GIS 基础）建筑 CAD 导入 GIS 的方法二：要素转面

实践概要		表 5-3
实践目标	掌握"要素转面"工具，将 CAD 建筑线要素转换成 GIS 面并同时获取层数属性	
实践内容	要素转面 复习自动标记，用于显示建筑层数 复习要素编辑功能	
实践数据	随书数据【\Chapter5\ 实践数据 5-1 至 5-3\】	

针对 CAD 图中的面要素导入，方法一需要在 CAD 中预先完成大量闭合面的工作，而 ArcGIS 提供的要素转面工具则可以在一个或多个输入要素形成的封闭区域处（例如，CAD 图中一组首尾相连的断线组成的地块、封闭多义线构成的地块、两个面的重叠处等），自动构造一个新的面要素，从而可以更加快速而准确地导入 CAD 面。

1. 在 AutoCAD 中处理建筑外轮廓线

要素转面方式对 CAD 的数据质量要求相对方法一更低一些，不需要每个建筑轮廓线被处理成封闭的多义线，但也需要达到如下最低要求：

（1）CAD 中的建筑轮廓线必须是围合的多义线，可以由多条线构成，线和线之间可以相交，但不能有缺口。

（2）每栋建筑轮廓线中只能有一个层数标注，且位于建筑轮廓线内部。

（3）删掉除建筑外轮廓线和层数标注以外的全部其他要素。

2. 在 ArcMap 中生成建筑的面要素

■ 启动 ArcMap，加载【\ 随书数据 \Chapter5\ 实践数据 5-1 至 5-3\ 建筑 .dwg】项下的【Polyline】和【Annotation】要素类。

■【目录】面板中，浏览到【工具箱 \ 系统工具箱 \Data Management Tools\ 要素 \ 要素转面】，双击启动该工具，弹出【要素转面】对话框（图5-7）：

> 设置【输入要素】为【建筑 .dwg Polyline】（注：CAD 数据中的所有多义线都会被 GIS 识别【Polyline】，同时那些封闭的多义线还会被识别为【Polygon】）。

> 设置【输出要素类】的路径，例如【Chapter5\ 实践数据 5-1 至 5-3\ 现状 .mdb\ 现状要素 \ 建筑2】。

> 设置【XY 容差】为【0.1】（当线段没有完全首尾相接时，设置容差可

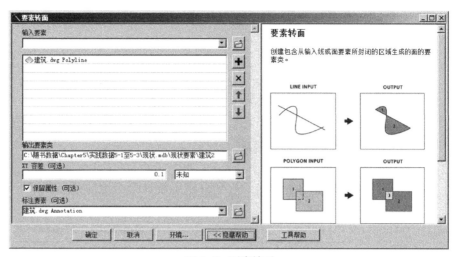

图 5-7 要素转面

以保证首尾距离在容差范围内的两条线会被认为是相连接的，并能够
形成面）。

➤ 勾选【保留属性】。

➤ 设置【标注要素】为【建筑 .dwg Annotation】。意味着将根据空间位
置传递【建筑 .dwg Annotation】的属性到输出要素中。

➤ 点【确定】应用【要素转面】之后，CAD 数据被导入成【建筑 2】要素类，
打开其属性表会发现它拥有所有 CAD 中的属性字段（图 5-8），其中
的【Text_】字段为每个建筑轮廓线根据空间位置连接到的【建筑 .dwg
Annotation】标注属性，即为层数标注。

3. 检查生成的建筑面域和属性

上一步生成建筑面要素成功后，要进行两项检查：

■ 对比【建筑 2】和【建筑 .dwg Polyline】，逐一检查生成的建筑面域，

DocType	DocVer	ScaleX	ScaleY	ScaleZ	Style	FontID	Text	Height	TxtAngle	Txt
DWG	AC1024	1	1	1	宋体	1	8	5.08	0	
DWG	AC1024	1	1	1	宋体	1	8	5.08	0	
DWG	AC1024	1	1	1	宋体	1	2	5.08	0	
DWG	AC1024	1	1	1	宋体	1	8	5.08	0	
DWG	AC1024	1	1	1	宋体	1	7	5.08	0	
DWG	AC1024	1	1	1	宋体	1	8	5.08	0	
DWG	AC1024	1	1	1	宋体	1	2	5.08	0	
DWG	AC1024	1	1	1	宋体	1	3	5.08	0	
DWG	AC1024	1	1	1	宋体	1	8	5.08	0	
DWG	AC1024	1	1	1	宋体	1	5	5.08	0	
DWG	AC1024	1	1	1	宋体	1	3	5.08	0	
DWG	AC1024	1	1	1	宋体	1	7	5.08	0	
DWG	AC1024	1	1	1	宋体	1	8	5.08	0	
DWG	AC1024	1	1	1	宋体	1	2	5.08	0	
DWG	AC1024	1	1	1	宋体	1	4	5.08	0	

图 5-8 要素转面后新生成要素的属性表

若有遗漏则代表【建筑 .dwg】中该建筑没有被围合，请在 CAD 中对其进行修改后重新导入。

■ 检查建筑层数属性。在【建筑 2】属性表中检查【Text_】字段为空的要素，若有则代表该建筑轮廓线中没有层数标注，或者层数标注位于建筑之外，请直接在 ArcMap 中录入层数属性。

5.3 统计现状容积率

实践 5-3（续前，规划分析）统计每个地块的容积率

实践概要		表 5-4
实践目标	掌握 GIS 相交叠加分析工具，并深刻理解其用途	
实践内容	学习相交叠加 学习为要素类添加新字段 学习【计算几何】，用于求得面要素的面积、周长等几何属性 学习针对部分选择集运行字段计算器 学习基于公共字段的表连接和移除连接 复习分类汇总 复习分级色彩符号化和自动标记，掌握标记一定小数位数数值的方法	

实践思路	问题解析：使建筑拥有所在地块的编号，从而知道每个地块中有哪些建筑，汇总每个地块的建筑面积，并求得容积率
	关键技术：使建筑拥有地块编号，通过建筑和地块的相交叠加实现
	所需数据：带层数属性的建筑
	             代表地块的多边形
	技术路线：（1）建筑和地块相交叠加，使叠加后的建筑拥有地块编号
	           （2）计算叠加所得建筑的建筑面积：建筑基底面积 × 层高
	           （3）针对叠加所得建筑，按照地块编号分类汇总建筑面积，得到地块建筑面积汇总表
	           （4）将地块建筑面积汇总表连接到地块，使得每个地块拥有建筑面积属性
	           （5）计算容积率：建筑面积 / 地块面积
	           （6）对地块的容积率属性进行可视化	

实践数据	随书数据【\Chapter5\ 实践数据 5-1 至 5-3\】	

1. 建筑和地块相交叠加

要统计每个地块的容积率，首先需要知道每个地块内有哪些建筑。这里需要用到【相交分析】工具，对建筑和地块要素类求交。相交的结果是得到两个要素类的交集部分，并且得到的新要素类将同时拥有两个要素类的所有属性。这里将得到拥有地块编号属性的建筑。在上一实践的基础之上，继续如下操作：

■ 加载【现状地块】要素类，它位于"Chapter5\ 实践数据 5-1 至 5-3\现状 .mdb\ 现状要素 \ 现状地块"。本章将以现状地块为基本单元，统计各个地块的容积率。

■ 启动【相交叠加】工具。在【目录】面板中，浏览到【工具箱 \ 系统工具箱 \Analysis Tools\ 叠加分析 \ 相交】,双击该项目,启动【相交】对话框(图

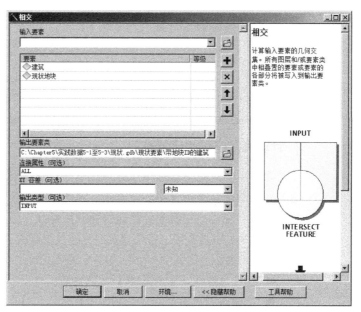

图 5-9 【建筑】和【现状地块】要素类相交叠加

5-9）。或者点击系统菜单【地理处理】→【相交】。

> 设置【输入要素】为【建筑带层数】和【现状地块】。可以直接把【建筑带层数】和【现状地块】图层拖拉到输入要素列表框中。

> 设置输出要素类为【Chapter5\ 实践数据 5-1 至 5-3\ 现状 .mdb\ 现状要素 \ 带地块 ID 的建筑】。

> 点【确定】。

运算完成后要素类【带地块 ID 的建筑】会被自动加载到当前地图文档。从图面上可以看到结果是现状地块范围内的建筑。

打开【带地块 ID 的建筑】的属性表，可以看到该要素类同时拥有【建筑带层数】和【现状地块】的所有属性（图 5-10），其中【FID_ 建筑带层数】和【FID_ 现状地块】分别是【建筑带层数】、【现状地块】要素类的【OBJECTID】编号。

FID_建筑带层数	Join_Count	distance	TARGET_FI	建筑功能	层数	FID_现状地块	用地性质代	Shape_Ler
6	1	0	6	二类居住	5	14	R2	134
7	1	0	7	二类居住	5	14	R2	11
11	1	0	11	二类居住	4	14	R2	102
12	1	0	12	二类居住	4	14	R2	11
13	1	0	13	二类居住	4	14	R2	103
14	1	0	14	二类居住	4	14	R2	106
15	1	0	15	二类居住	4	14	R2	110
16	1	0	16	二类居住	3	14	R2	1
17	1	0	17	二类居住	3	14	R2	115
18	1	0	18	二类居住	3	14	R2	116

图 5-10 相交得到的属性表

ArcGIS
知识

> ArcGIS要素属性表中的【OBJECTID】
>
> ArcGIS要素属性表中的【OBJECTID】是每个要素的唯一编号，同一要素类中的每个要素都有不同的【OBJECTID】，这是它们的标记。
>
> 当要素参与空间分析后，如果在新生成的要素中保留了源要素的属性，则源要素的【OBJECTID】也会被保留，但由于一个要素不能有两个【OBJECTID】属性，所以一般都会将其重新命名为【FID_源要素名】。

2. 计算每栋建筑的建筑面积

之所以要先相交叠加然后计算建筑面积，是因为有些建筑可能会跨多个地块，叠加后会被拆分成多个建筑，这时候每个建筑的基地面积会变小，建筑面积也会变小。如果先计算建筑面积后叠加，假设某栋建筑的建筑面积为3000m²，那么被拆分后，每个建筑部分的建筑面积字段都是被保留下来的原始建筑的建筑面积，即为3000m²，这显然是不正确的。

- 打开【带地块ID的建筑】的属性表。
- 新建双精度类型的【基底面积】字段和【建筑面积】字段。点击属性表工具条中的 ，在弹出菜单中选择【添加字段...】（图5-11），弹出【添加字段】对话框（图5-12），在【名称】栏输入【基底面积】，【类型】设置为【双精度】，点【确定】就完成【基底面积】字段的添加。类似地，再添加【建筑面积】字段。

图5-11 【添加字段】菜单项　　　　图5-12 【添加字段】对话框

- 计算【基底面积】。右键点击【基底面积】，在弹出菜单中选择【计算几何...】，显示【计算几何】对话框（图5-13）。设置【属性】栏为【面积】，【单位】为【平方米】，点【确定】后，系统将计算每个要素的面积并赋给【基底面积】字段。可以看到它与系统自动计算的面积【Shape_Area】是完全一致的。
- 计算【建筑面积】。右键点击【建筑面积】，在弹出菜单中选择【字段计算器...】，显示【字段计算器】对话框。设置【建筑面积=】栏为【[基底面积]*[层数]】，设置完成，如图5-14所示。点【确定】。

3. 汇总每个地块的建筑面积

由于要素类【带地块ID的建筑】中的每栋建筑都有【FID_现状地块】属性，代表着所属地块的编号，那么如果按照【FID_现状地块】分类求和各类建筑的

图 5-13　计算要素的几何属性　　　　图 5-14　计算【建筑面积】

建筑面积，就可以得到每个地块的总建筑面积。

■ 右键点击【FID_ 现状地块】，在弹出菜单中选择【汇总 ...】，显示【汇总】对话框（图 5-15）。

> 设置【选择要汇总的字段】为【FID_ 现状地块】。

> 勾选【汇总统计】栏下【建筑面积】的【总和】选项。这意味着按照【FID_ 现状地块】分类汇总【建筑面积】，汇总方法是求总和。

> 设置【指定输出表】(例如 Chapter5\ 实践数据 5-1 至 5-3\ 现状 .mdb\ 地块建筑面积汇总表)。

> 点【确定】开始计算。完成后将生成表【地块建筑面积汇总表】，并提示【是否要在地图中添加结果表】，点【是】。

■ 打开表【地块建筑面积汇总表】，如图 5-16 所示。其中【Sum_ 建筑面积】

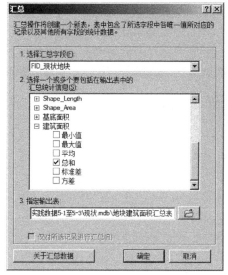

图 5-15　汇总每个地块的建筑面积　　　图 5-16　地块建筑面积汇总表

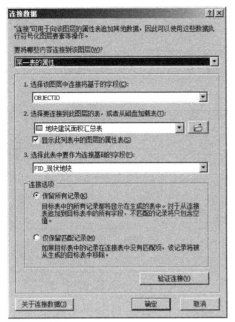

图 5-17 基于公共字段的连接

字段是各个地块的【建筑面积】的总和，而【FID_现状地块】还是地块编号。

4. 连接【现状地块】和【地块建筑面积汇总表】

由于表【地块建筑面积汇总表】和要素类【现状地块】是分离的，而要计算容积率需要用到【地块建筑面积汇总表】的【Sum_建筑面积】和【现状地块】中的地块面积，所以需要把它们两者连接起来，变成一张表。由于【地块建筑面积汇总表】中的【FID_现状地块】字段和【现状地块】要素类的【OBJECTID】字段含义是完全相同的，所以我们将根据它们将两个表连接起来。

■ 打开【现状地块】的属性表，点击属性表工具条中的 ，在弹出菜单中选择【连接和关联】→【连接 ...】，显示【连接数据】对话框。

■ 按照图 5-17 设置参数，其含义是根据【地块建筑面积汇总表】的【FID_现状地块】字段和【现状地块】要素类的【OBJECTID】字段，将【地块建筑面积】表的数据追加到【现状地块】上。连接成功后，【现状地块】将拥有【Sum_建筑面积】属性字段。

■ 点【确定】完成连接。

连接后的【现状地块】表如图 5-18 所示，【地块建筑面积汇总表】的所有字段都被追加到【现状地块】表中。但是有些行的【Sum_建筑面积】属性为【<空>】，意味着这些行没有连接上，这是由于【地块建筑面积汇总表】中没有这些行对应的数据，例如第一行的【现状地块】的【OBJECTID*】编号为【1】，而【地块建筑面积汇总表】中没有【FID_现状用地】为【1】的行，所以连接后【现状地块】表中来自【地块建筑面积汇总表】的属性值均为空。查阅该行对应的地图内容，会发现它是一块绿地，没有建筑。

OBJECTID *	SHAPE *	用地性质代码	SHAPE_Len	SHAPE_Ar	OBJECTID *	FID_现状地块	Sum_建筑面
1	面	G1	123.829518	641.86006	<空>	<空>	<空>
2	面	G1	42.673931	108.06975	<空>	<空>	<空>
3	面	R1	433.531296	5351.9567	1	3	4204.007021
5	面	R2	710.440436	22302.206	2	5	46294.2665
7	面	G1	187.596574	2007.5505	<空>	<空>	<空>
8	面	R2	196.252587	2284.9932	3	8	6991.33097
9	面	A3	201.301746	2436.9968	4	9	1331.580456
10	面	B1	249.22047	3324.7367	5	10	693.330883
12	面	G1	364.280771	5602.4201	<空>	<空>	<空>
14	面	R2	654.991813	19886.64	6	14	30343.21631

14 ◀ ◀ 1 ▶ ▶I | (1 / 10 已选择)

带地块ID的建筑 | 地块建筑面积汇总表 | 现状地块

图 5-18 连接结果

ArcMap 功能	⬇ 关于表连接
	ArcGIS可以根据表或要素类的公共字段连接两个表或要素类。根据指定的公共字段，两个表或要素类的所有记录中，公共字段值相同的记录将会动态连接到一起。

5. 计算容积率

■ 为表【现状地块】新添双精度类型的字段【容积率】。

■ 计算【容积率】字段。【容积率】＝【Sum_ 建筑面积】／【SHAPE_Area】，操作中忽略出现的错误提示。

■ 查看结果会发现【Sum_ 建筑面积】为【＜空＞】的行，【容积率】也为【＜空＞】，下面让这些行的【容积率】变为【0】。

> 右键点击表头【容积率】，在弹出菜单中选择【升序排列】，将【容积率】值为【＜空＞】的行全部挪到顶部显示。

> 点击【容积率】值为【＜空＞】的第一行的最左端按钮▦，以选中该行，然后按住 Shift 键，点击【容积率】值为【＜空＞】的最末行左端的▦，从而选中所有【容积率】值为【＜空＞】的行。

> 计算【容积率】字段。表达式为【容积率】＝ 0，此时只会对选中的行进行计算，即让【容积率】值为【＜空＞】的项变为0。

■ 移除连接。点击属性表工具条中的▦▾，在弹出菜单中选择【连接和关联】→【移除连接】→【地块建筑面积汇总表】。

6. 现状容积率的可视化

把各个地块的容积率数值用更直观的地图方式来表达。请对【现状地块】要素类按照【容积率】属性进行"分级色彩"符号化，并对其进行自动标记，标记表达式为 Int（【容积率】*10）/10，其含义是对容积率数值的小数位数进行截短，只保留1位小数。详细操作参见"实践3-2 矢量数据的符号化"和"实践3-6 对地图进行各类注记"，最终效果如图5-19所示。

至此，地块容积率的计算和制图已经完成。其效率要远远高于 AutoCAD 下容积率的常规统计方法。

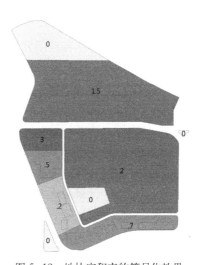

图5-19　地块容积率的符号化效果

5.4　利用"模型"自动完成容积率统计

在进行上述分析的过程中，有些读者可能会想，如此繁琐的操作能不能让计算机去批处理，自动地一步步完成。幸运的是 ArcGIS 提供了这样的工具：模型构建器（Model Builder）。

模型构建器是 ArcGIS 提供的构造空间分析工作流和脚本的图形化建模工具。它用直观的图形语言将一个空间分析过程以模型的方式构建出来。在这个模型中，分别用不同的图形代表输入数据、输出数据、地理处理工具，它们以流程图的形式进行组合并且可以执行空间分析的功能。掌握该功能可以大幅度提高工作效率。

如图 5-20 所示，这是一个模型构建对话框，图中的模型能够完成【建筑】和【地块】要素类的相交叠加，左侧椭圆代表输入数据，中间矩形代表空间处理工具，右侧椭圆代表输出数据。

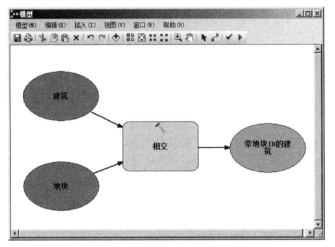

图 5-20　模型构建器示例

当空间分析涉及许多步骤时，建立分析模型可以带来以下优势：

（1）方便去设计空间分析的步骤。当开展一项规划分析时，需要一系列的处理步骤，对于大型分析甚至会有数百项处理步骤。事先规划好这些步骤是非常重要的，而模型构建器正是规划这些步骤的有效方式，基于它能够以图形的方式设计空间分析的各个步骤，以及处理的流程。

（2）简化操作。当开展规划分析时，要记住空间分析的一系列步骤，并一步步去完成是非常困难的。通过构建分析模型并让计算机去自动地批处理完成，无疑会大大地简化操作。

（3）便于重复使用。一旦构建了一套分析模型，可以去重复使用它，用于不同场合的同类分析。

下面通过构建"容积率统计"模型来介绍构建分析模型的具体方法。

实践 5-4（GIS 高级，规划分析）创建容积率统计模型并调试运行

	实践概要	表 5-5
实践目标	利用 ArcGIS"模型构建"工具创建容积率统计模型并调试运行	
实践内容	学习"模型构建"工具	
实践数据	随书数据【\Chapter5\ 实践数据 5-4\】	

1. 新建和打开模型

■　启动 ArcMap，打开【\ 随书数据 \Chapter5\ 实践数据 5-4\ 构建容积率统计模型 .mxd】。

■　新建工具箱。在【目录】面板中，浏览到工作目录【Chapter5\ 实践数据 5-4】，右键点击它，在弹出菜单中选择【新建】→【工具箱】，将新建的工具箱重命名为【空间叠加分析】。工具箱是存放地理处理工具的载体，在 Windows 资源管理器中可以看到每个工具箱都是一个以 tbx 作为扩展名的文件。

■　新建模型。右键点击工具箱【空间叠加分析 .tbx】，在弹出菜单中选择【新建】→【模型...】，会显示模型构建器对话框，将其关闭，然后重命名新建的模型为【容积率统计】，如图 5-21 所示。

■　显示模型编辑对话框。在【目录】面板中浏览到之前新建的模型【容积率统计】，右键点击它，在弹出菜单中选择【编辑...】，将显示模型构建器对话框（图 5-22），它暂时还是空的。

图 5-21　在【目录】面板中新建模型　　　图 5-22　模型编辑对话框

2. 构建模型

紧接之前步骤，操作如下：

■　添加【建筑】和【现状地块】的相交分析。

➢　从【内容列表】面板中将【建筑】和【地块】两个图层拖拉进模型构建对话框，它们将作为输入数据。输入要素在模型构建器的图形为蓝色椭圆。

➢　将【目录】面板中的【工具箱 \ 系统工具箱 \Analysis Tools\ 叠加分析 \ 相交】拖拉到模型构建对话框。分析工具在模型构建器中的图形为圆角矩形（图 5-23），分析工具的输出要素的图形也为椭圆，未设置参数的工具和输出要素暂时会显示为白色。

➢　点击 ，连接【建筑】和【相交】图形，在弹出菜单中选择【输入要素】。同样，连接【地块】和【相交】图形，在弹出菜单中也选择【输入要素】。之后相交工具和输出要素的图形都会被填上颜色，代表该地理处理的条件已经具备。其中，分析工具的颜色是橘黄色，输出要素的颜色为绿色。

➢　将输出要素重命名为【带地块 ID 的建筑】。设置完成后如图 5-24 所示。

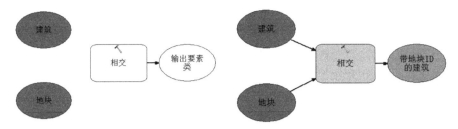

图 5-23　添加输入要素和分析工具模型片段　　图 5-24　建筑和现状地块的相交模型片段

> 双击【相交】工具，弹出【相交】对话框（图 5-25），可以看到基本参数已被自动设置，并且该对话框与直接打开【工具箱 \ 系统工具箱 \Analysis Tools\ 叠加分析 \ 相交】是完全相同的。

■ 为【带地块 ID 的建筑】新添【基底面积】和【建筑面积】字段。

> 将【目录】面板中的【工具箱 \ 系统工具箱 \Data Management Tools\ 字段 \ 添加字段】拖拉到模型构建对话框。

> 连接【带地块 ID 的建筑】和【添加字段】图形，在弹出菜单中选择【输入表】。

> 双击【添加字段】工具，打开【添加字段】对话框（图 5-26），设置【字段名】为【基底面积】，【字段类型】为【DOUBLE】（即双精度），点【确定】。

图 5-25　相交工具设置

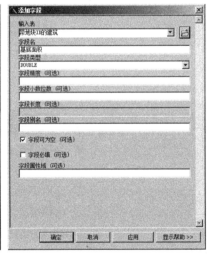

图 5-26　添加字段工具设置

> 将【添加字段】重命名为【添加字段 [基底面积]】，输出要素重命名为【带地块 ID 的建筑 2】。

> 类似地，添加 DOUBLE 类型【建筑面积】字段，其输入数据是【带地块 ID 的建筑 2】，将处理工具重命名为【添加字段 [建筑面积]】，输出数据重命名为【带地块 ID 的建筑 3】。设置完成后如图 5-27 所示。

■ 计算【基底面积】、【建筑面积】字段。

> 将【目录】面板中的【工具箱 \ 系统工具箱 \Data Management

图 5-27　添加字段模型片段

Tools\ 字段 \ 计算字段】拖拉到模型构建对话框。

> 连接【带地块 ID 的建筑 3】和【计算字段】图形,在弹出菜单中选择【输入表】。

> 打开【计算字段】,显示【计算字段】对话框,下面设置将让【基底面积】字段等于多边形面积（图 5-28）:设置【字段名】为【基底面积】,在【表达式】栏下输入【!Shape.area!】(注:求多边形面积的 PYTHON 代码),设置【表达式类型】为【PYTHON】,点【确定】。

图 5-28　【计算 [基底面积]】字段对话框

> 将处理工具重命名为【计算字段 [基底面积]】,输出数据重命名为【带地块 ID 的建筑 4】。

> 类似地,再次添加【计算字段】工具,计算【建筑面积】字段,【表达式】为【基底面积】*【层数】,【表达式类型】为【VB】,将处理工具重命名为【计算字段 [建筑面积]】,输出数据重命名为【带地块 ID 的建筑 5】。设置完成后如图 5-29 所示。

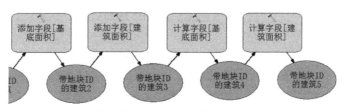

图 5-29　计算【基底面积】、【建筑面积】字段模型片段

- 汇总每个地块的建筑面积。

➤ 将【目录】面板中的【工具箱 \ 系统工具箱 \Analysis Tools\ 统计分析 \ 汇总统计数据】拖拉到模型构建对话框。

➤ 连接【带地块 ID 的建筑 5】和【汇总统计数据】图形，在弹出菜单中选择【输入表】。

➤ 打开【汇总统计数据】，显示【汇总统计数据】对话框（图 5-30），设置【统计字段】为【建筑面积】,设置【建筑面积】的【统计类型】为【SUM】,设置【案例分组字段】为【FID_地块】,设置好后如图 5-30 所示。点【确定】。

➤ 将汇总处理工具重命名为【汇总每个地块的建筑面积】，输出数据重命名为【地块建筑面积汇总表】。模型设置完成后如图 5-31 所示。

图 5-30　汇总统计对话框

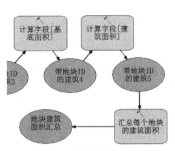

图 5-31　汇总建筑面积模型片段

　　■ 为【现状地块】新添双精度类型的字段【容积率】，设置方法与前述步骤相同，将处理工具重命名为【添加字段 [容积率]】，输出数据重命名为【地块 2】。

　　■ 连接【地块 2】和【地块建筑面积汇总表】。

➤ 将【目录】面板中的【工具箱 \ 系统工具箱 \ Data Management Tools\ 连接 \ 连接字段】拖拉到模型构建对话框。

➤ 连接【地块 2】和【连接字段】图形，在弹出菜单中选择【输入表】。

➤ 连接【地块建筑面积汇总表】和【连接字段】图形,在弹出菜单中选择【连接表】。

➤ 双击图形【连接字段】,显示【连接字段】对话框,设置【输入连接字段】为【OBJECTID】，设置【输出连接字段】为【FID_地块】，勾选【连接字段】栏的【SUM_建筑面积】（图 5-32）。点【确定】完成连接设置。

➤ 将输出数据重命名为【地块 3】。模型设置完成后如图 5-33 所示。

　　■ 计算【容积率】字段。表达式为【SUM_建筑面积】 /【SHAPE_Area】。

　　■ 点击菜单【模型】→【保存】。至此，已完成全部建模工作，模型的全貌如图 5-34 所示。

图 5-32　设置连接字段

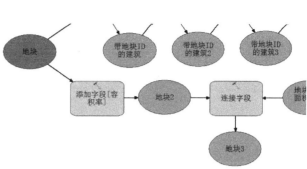

图 5-33　连接字段的模型片段

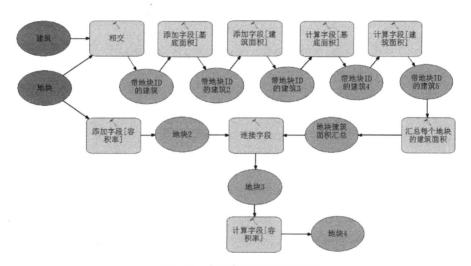

图 5-34　容积率统计模型的全貌

随书数据 "\Chapter5\ 实践数据 5-4\ 空间叠加分析示例 .tbx"，完整地提供了该模型。

3. 验证和运行模型

紧接之前步骤，操作如下：

■　验证模型。

点击工具条上的【验证整个模型】按钮 ✔。

如果模型中有不能满足条件的元素，则该图形会变成白色，如图 5-35 所示。双击错误源头图形，图 5-35 中是【添加字段 [容积率]】，打开模型编辑对话框，点击红叉符号，可以看到错误的原因。例如图 5-36，显示【容积率】字段存在了，这可能是由于之前运行过该模型的缘故。这时需要打开【地块】的属性表，删除原有【容积率】字段。如此修改，直至通过验证。

图 5-35　验证模型　　　　　　　　　图 5-36　查找模型错误原因

■ 运行模型。

点击菜单【模型】→【运行整个模型】，开始计算，同时会显示运行状态对话框。

如果出现错误，对话框中会给出红色提示，并暂停计算。可以根据提示找到错误原因。

> 说明：运行模型时出现错误是很正常的现象，因为构建模型时的环境和运行模型时的环境可能会很不一样，例如要素类的属性名改变了，要素类重命名了，正准备编辑的要素被锁定，等等。因此，关键是找到错误的原因，然后要么修改模型，要么修改数据。

4. 把模型变成工具

上述模型仅能针对特定的【建筑】和【地块】要素类进行分析，能否将其变成如同【相交】分析一样的可以设定输入要素的通用工具呢？答案是肯定的，但还需要进行几个简单的设置：

■ 在模型构建器中，分别右键点击输入要素【建筑】、【地块】，在弹出菜单中选择【模型参数】，其图形右上角会出现【P】标记，代表该输入将被作为模型参数。

■ 保存模型，然后关闭它。

■ 在【目录】面板中，找到该模型，右键单击它，在弹出菜单中选择【属性】，弹出【容积率统计 属性】对话框，进行设置如下（图 5-37）：

> 切换到【参数】选项卡，第一步设置的两个参数已出现在列表中。

> 点击【建筑】行的【过滤器】项，将其设置为【要素类】，在弹出窗口中取消勾选除【面】以外的其他要素类型，点【确定】。这意味着只允许面类型的要素类作为【建筑】输入参数。

> 类似地，设置输入参数【地块】，它也只允许面类型的要素类。

> 点击【确定】完成属性设置。

■ 在【目录】面板中，双击构建好的模型【容积率统计】，会弹出【容积率统计】对话框（图 5-38），在对话框中可以设置两个参数，分别是【建筑】

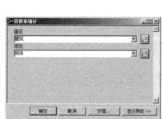

图 5-37 设置模型属性　　　图 5-38 启动模型　　　图 5-39 模型运行对话框

和【地块】，设置好后点击【确定】，然后会像运行其他分析工具那样出现进度提示对话框（图 5-39），直至分析完成。

通过上述设置，已经将该模型变成了一个可以通用的分析工具，当需要在其他场合统计容积率时，找到该工具，启动它，设置输入要素，然后运行，几秒钟后就可得到想要的结果。

尽管构建模型需要一定的时间，但是模型一旦构建完毕就可以反复使用。在具体使用时就像使用其他分析工具一样简便，可以大幅度地提高工作效率。另外，更具意义的是，利用模型时不需要去思考分析流程，这会大幅度节省精力。

5.5　规划空间分析的思路

经常有读者反映这样的问题，按照书上的步骤一步步操作可以顺利地完成一项规划空间分析，但由于步骤太多、太杂，一旦合上书还是记不住该如何分析。另外，还有读者反映，针对书中提供的数据和空间分析问题知道如何去解决，但换了数据和要求就不知道如何去分析了。这些问题都可以归结为一条，就是对于规划空间分析缺乏明晰的求解思路。而我们要强调的观念是思路比解决问题的步骤更重要，我们希望读者学习本书之后，面对任一规划空间分析问题，都能够迅速提出一套或多套解决该问题的思路，并自主地去设计具体的实现步骤。

我们建议按照以下步骤去形成空间分析的思路。

1. 明确要解决的问题

将要完成的规划分析任务解析成明确的空间分析问题。

例如本章的规划分析任务是求得现状容积率，从空间分析的视角来看，可将其解析为：求得每个地块内的建筑总量，然后除以用地面积得到容积率。可进一步明确为使建筑拥有所在地块的编号，从而知道每个地块中有哪些建筑，汇总每个地块的建筑面积，并求得容积率。当然还有其他解析方式，例如还可以解析为：把所有建筑按照地块范围拆分成多个要素类，使得拆分后的每一个

建筑要素类中的所有建筑都属于同一地块,然后逐个对建筑要素类统计建筑量,计算容积率。但显然前一种方式更简单,所以我们没有采用后一种方式。

又如填挖方分析,可以解析为现状地表面和规划地表面之间的差异分析。

如果面对复杂的规划分析任务,则需要首先对任务进行分解,变成若干个小任务,然后再把每个小任务解析成明确的空间分析问题。例如下一章要介绍的用地适宜性评价,可以将其分解为交通、环境、地形等单因素的适宜性评价,以及所有单因素评价结果的综合,然后再解析每一个小任务的空间分析问题。

2. 找到关键问题和关键技术

所谓关键问题是指那些如果它们没有得到解决整个分析就无法进行的问题,解决关键问题的技术就是关键技术。

例如要实现本章要解决的问题,其中最关键的问题是如何使建筑拥有所在地块的编号,只有这样才能知道每个地块中有哪些建筑,之后才能统计容积率。为此,本章采用了相交叠加技术来解决这一关键问题,这是容积率统计的关键技术。

关键问题容易找到,解决它的关键技术往往不容易找到。这首先需要知识积累,需要对 GIS 提供的各种分析工具有一个全面了解。建议读者对【目录】面板中的系统工具箱逐级展开查看,ArcGIS 提供给我们的绝大多数空间分析工具都在其中。接下来的章节也会对规划常用的分析工具进行介绍。其次,如果没有能够直接解决关键问题的分析工具时,需要创造性地去组合几个工具来间接地解决问题。最后,在必要的情况下可以自己去研发一些分析工具,这需要编程基础,当然也可以请计算机专业人士帮忙研发。

此外,最不幸的情况也经常会碰到,那就是找不到合适的技术去解决关键问题。此时,灵活的做法是换一套思路。由于思路不同,要解决的问题也不相同,关键问题也随之改变,或许就可以得到解决。例如,前面针对容积率统计提出了两套思路,第二套思路的关键问题是按地块分割建筑,其关键技术是要素提取中的分割技术,其工具位于 ArcGIS【系统工具箱 \ Analysis Tools.tbx \ 提取 \ 分割】。因此,我们需要培养找到多套解决问题思路的能力。

当找到关键技术之后,还需要用样本数据去测试一下,看看是否能有效解决问题。

3. 设计分析步骤,制定技术路线

根据之前明确的要解决的问题,以及关键问题和关键技术,设计分析步骤,制定技术路线。

例如本章制定的技术路线为:

(1) 建筑和地块相交叠加,使叠加后的建筑拥有地块编号;

(2) 计算叠加所得建筑的建筑面积:建筑基底面积 × 层高;

(3) 针对叠加所得建筑,按照地块编号分类汇总建筑面积,得到地块建筑面积汇总表;

(4) 将地块建筑面积汇总表连接到地块,使得每个地块拥有建筑面积属性;

(5) 计算容积率：建筑面积／地块面积；

　　(6) 对地块的容积率属性进行可视化。

4．准备数据

　　根据前面制定的技术路线，准备用于分析的数据。

　　最有效的方法是分析每个步骤对输入数据的要求和输出数据的内容，由于大多数步骤是以之前步骤的输出数据作为输入数据的，因此关键是找到源头输入数据，例如本章的源头输入数据实际上只有两个，一个是建筑，一个是地块。然后还要分析源头输入数据是否能够满足分析的要求，例如本章的建筑如果仅有建筑轮廓线是不够的，还需有层数属性。

　　由于分析所需的数据并不是总能获取到，所以在制定技术路线的时候，还需要分析已有的数据能否满足分析的需要，如果不满足，就需要修改技术路线，或者找到替代数据。

　　快速形成多套解决空间分析的思路，对于希望开展规划空间分析的规划师而言，是非常重要而关键的。上述步骤看似复杂，实际上对于熟练的空间分析师可以在很短时间内完成，要达到这种熟练程度则需要读者去反复练习、思考、尝试。为此，本书在所有类型为"规划分析"的实践中都提供了"实践思路"这一内容，供读者参考。

5.6　本章小结

　　经过前几章 GIS 基础操作的学习之后，本章开始了全新的内容，即规划空间分析。规划空间分析不是 GIS 分析工具的简单使用，而是为了实现某个规划空间分析目标，例如本章的目标是为了实现现状容积率的快速统计。为了实现这一目标，我们将其解析为：使建筑拥有所在地块的编号，汇总每个地块的建筑面积，并求得容积率，据此找到解决这一问题的关键技术——相交叠加，并制定了一套技术路线和分析步骤，最终实现了容积率的快速统计。

　　这里我们需要强调的是，思路比解决问题的步骤更重要。但是 GIS 空间分析方法的积累是提供思路的源泉，因此，全面掌握 GIS 空间分析方法也十分必要。本章主要介绍了矢量数据的空间叠加方法。叠加分析有许多类型，基本类型包括相交（Intersect）、联合（Union）、更新（Update）、擦除（Erase）、空间连接（Spatial Join）、交集取反（Symmetrical Difference）和标识（Identity），其他类型主要是上述类型的组合或细化。

　　为了批量处理完成空间分析的系列步骤，ArcGIS 提供了模型构建器（Model Builder）。它是构造空间分析工作流和脚本的图形化建模工具，分别用不同的图形代表输入数据、输出数据、空间处理工具，它们以流程图的形式进行组合并且可以执行空间分析操作功能。建立模型可以明晰空间分析的步骤，简化操作，便于重复使用，提高分析效率。

　　此外，由于 CAD 数据是规划分析常用的数据源，所以本章还介绍了导入CAD 数据的两种方法。

练习 5-1：统计某校园的容积率

随书数据【\Chapter5\练习数据 5-1\】提供了某校园的现状建筑和用地地块，请首先按照规划空间分析步骤一步一步地分地块统计容积率，然后利用模型构建器构建容积率统计模型，并用模型来统计容积率。

练习 5-2：设计分区域统计干道网密度的思路

现要对某城市分区统计其干道网密度，请设计其分析思路，包括解析问题，找到关键问题和关键技术，制定技术路线，提出数据要求。

第6章　城市用地适宜性评价——栅格数据的叠加分析

上一章介绍了矢量数据的叠加分析，本章将介绍栅格数据的叠加分析。

栅格叠加是建立在多个栅格数据的逐点像元——像元计算基础上的。如图 6-1 所示，输入栅格 1 和输入栅格 2 的相加叠加，实际上就是逐个像元值的相加求和。以第一行第一列的像元为例，输出栅格中该像元的值等于两个输入栅格该像元值的和。在很多分析中，栅格叠加比矢量叠加更具优势：

首先，如果叠加数据中包含高程、坡度等不能用矢量表达的连续数据集时，则只能采用栅格叠加；

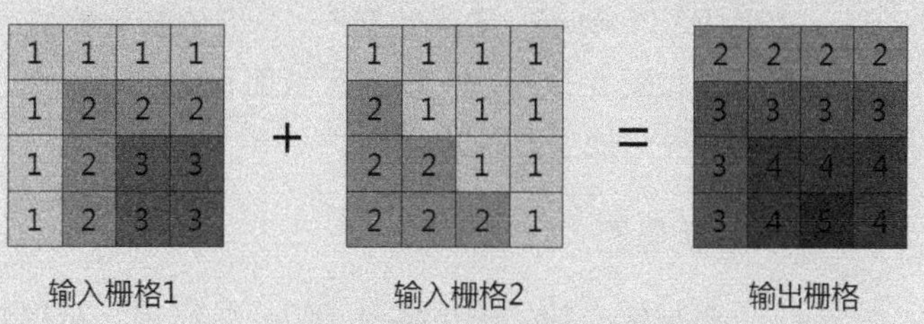

图 6-1　栅格叠加示意

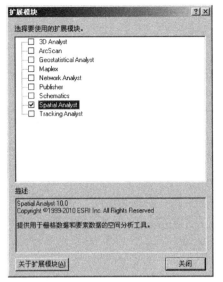

图 6-2 【扩展模块】对话框

其次，当要叠加的图层非常多或者研究范围非常大的时候，栅格叠加往往具有更高的计算效率，因为它只是栅格像元的数学计算，而不是像矢量叠加那样需要拼接、打断所有要素并创建新要素；

最后，由于栅格数据表达的空间细节更丰富，不像矢量数据那样抽象，所以栅格叠加往往也会得到更富细节的分析结果。

本章将结合用地适宜性评价介绍上述栅格数据的叠加分析方法。用地适宜性评价需要叠加数量众多的单因素评价图，并且还包括高程、坡度连续数据，所以一般情况下建议采用栅格叠加的方式。此外，生态评价、景观评价等类似的评价也往往采用栅格叠加方式。

通过本章的学习，将掌握以下知识或技能：

- 城市用地适宜性评价思路；
- 缓冲区分析；
- 矢量数据转栅格数据；
- 栅格重分类；
- 栅格叠加运算；
- 栅格计算器，地图代数。

本章部分内容需要使用 ArcGIS 的 "空间分析" 扩展模块，该模块需要额外付费购买。在第一次使用该模块之前需要首先加载该模块，可点击菜单【自定义】→【扩展模块 ...】，显示【扩展模块】对话框，勾选其中的【Spatial Analyst】选项（图 6-2）。该对话框中还有其他扩展模块供用户选择。

6.1 城市用地适宜性评价思路和栅格叠加方法

城市用地适宜性评价是城市总体规划的一项重要前期工作。它首先对工程地质、交通、社会经济和生态环境等要素进行单项用地适宜性评价，然后用地图叠加技术生成综合的用地适宜性评价结果，俗称"千层饼模式"。

1. 实验简介

本实验的研究区域为某山区的一个小镇，打开随书数据中的地图文档【随书数据 \Chapter6\ 实践数据 6-1\ 评价基础数据 .mxd】可以看到该镇的基本概况，如图 6-3 所示。研究区域面积为 10.6km^2，其中镇建成区有 55.74hm^2，镇北部有 1 处工业园区。

2. 分析思路

根据钮心毅、宋小冬（2007）的研究，可以将城市用地适宜性评价划分为两大类型：生活区的用地适宜性评价和工业区的用地适宜性评价，包括各

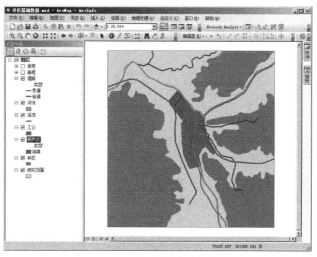

图6-3 评价的基础数据

自的交通、市政、绿地等。不同类型的用地其评价准则是不同的（例如生活区的用地适宜性更关注城市中心区的可达性、环境宜人性等，而工业区的用地适宜性更关注对外交通便捷性、土地成本、环境影响等）。本实验主要针对生活区进行评价。因此选定了交通便捷性、环境适宜性、城市氛围和地形适宜性四类评价因子，其中环境适宜性和地形适宜性还包含子因子，各因子的权重设置如表6-1所示。

用地适宜性评价因子及权重 表6-1

评价因子	子因子	权重
交通便捷性	—	0.28
环境适宜性	滨水环境	0.09
	远离工业污染	0.07
	森林环境	0.07
城市氛围	—	0.18
地形适宜性	地形高程	0.155
	地形坡度	0.155

对于各单因素的居住用地适宜性评价,本实验统一将评价值分级成1~5级，其中3级是勉强可用于居住用地建设，但需要进行特殊处理，5级代表最适宜建设，1级代表完全不适宜建设。

实验的具体步骤为：

■ 首先，对各个单因素作适宜性评价，统一分级成1~5级，并转换成栅格数据；

■ 然后，进行栅格加权求和的叠加运算，每个栅格代表的地块将得到一个综合评价值；

■ 最后，对综合后的栅格数据重新分类定级，得到居住用地适宜性综合评价图。

3. 栅格叠加方法简介

栅格叠加分析是栅格空间分析中的一种，主要用于对具有相同空间位置的多层栅格数据进行运算操作。栅格叠加最重要的条件是所有的输入栅格数据必须有一致的空间位置。下面以算术运算、关系运算、逻辑运算为例简要介绍。

1）算术运算叠加

它是对不同层面的栅格数据逐像元地利用代数运算符和数据变换函数进行运算，以得到新栅格的一种叠加方法。除了图6-1示意的相加叠加外，还有减、乘、除等代数运算和三角函数、对数函数、指数函数、幂函数等数学变换运算。

2）关系运算叠加

它是对不同层面的栅格数据逐像元地利用关系运算符进行运算，以得到关系比较的结果。关系运算符主要包括 =、<、>、<>、>=、<= 等，符合条件的为真，赋值1，反之为假，赋值0。如图6-4所示，输入栅格1"＞"输入栅格2的运算结果为0、1二值栅格，输入栅格1大于输入栅格2的像元被赋值为1，反之为0。

当需要进行栅格之间值的大小比较时，可以运行栅格关系运算叠加。以图6-4为例，假设输入栅格1为某城市2014年房价分布图，输入栅格2为2013年房价分布图，那么输出栅格中栅格值为1的区域反映了房价2014年同比增长的区域。

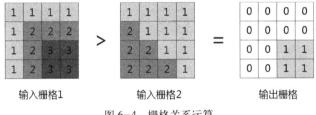

输入栅格1　　　　　输入栅格2　　　　　输出栅格

图6-4　栅格关系运算

3）逻辑运算叠加

它是对不同层面的栅格数据逐像元地开展逻辑运算，包括逻辑与、逻辑或、逻辑非等。以逻辑与为例，针对同一位置的像元，只有当所有输入栅格的值均为真（即为1）时，输出栅格的值为真，否则为假（即为0），它意味着求两者的交集。例如，输入栅格1反映了房价2014年同比增长的区域，而输入栅格2反映了房价2013年同比增长的区域，两者逻辑与运算的结果则是连续两年房价同比上涨的区域。

ArcGIS提供的栅格运算类型还有很多，这里就不一一介绍了。

6.2　单因素适宜性评价

根据上一节确定的实验思路，首先作单因素用地适宜性评价。限于篇幅的关系，下面仅介绍交通便捷性评价和高程适宜性评价。其余的滨水环境、远离工业污染、森林环境、城市氛围单因子评价与交通便捷性评价类似，坡度适宜性评价与高程适宜性评价类似，它们的分析过程不再赘述，请在练习6–1、练习6–2中自行完成。

实践 6–1（规划分析）交通便捷性评价

实践概要 表6–2

实践目标	利用缓冲区分析方法和矢量叠加技术评价用地的交通便捷性
实践内容	学习按属性选择要素 学习多环缓冲区分析 学习矢量要素类的联合叠加 学习字段计算器中通过 VB 脚本代码块实现高级计算 学习矢量数据转栅格数据
实践思路	问题解析：根据距离省道、县道的距离确定每块用地的便捷性评价值，越近便捷性评价值越高 关键技术：(1) 分别确定地块离省道、县道的距离，通过对省道、县道分别进行多环缓冲区分析得到 (2) 综合得到每块用地距省道和县道的距离，通过对省道多环缓冲区分析结果和县道多环缓冲区分析结果作联合叠加得到 所需数据：省道、县道矢量数据 技术路线：(1) 对省道作多环缓冲区分析 (2) 对县道作多环缓冲区分析 (3) 对省道多环缓冲区分析结果和县道多环缓冲区分析结果作联合叠加，从而得到每块用地距离省道和县道的距离 (4) 根据每块用地距离省道和县道的距离，计算其交通便捷性评价值 (5) 转换成栅格数据备用
实践数据	随书数据【\Chapter6\ 实践数据 6–1 至 6–2\】

交通便捷性评价将根据距离省道、县道的远近加以确定，如表6–3所示。

交通便捷性的评价标准 表6–3

评价因子	分类	分级
交通便捷性	距离省道 0~500m，距离县道 0~250m	5
	距离省道 500~1000m，或距离县道 250~500m	4
	距离省道 1000~1500m，或距离县道 500~1000m	3
	距离省道 1500~2000m，或距离县道 1000~1500m	2
	距离省道 3000m 以上，或距离县道 3000m 以上	1

1．计算省道和县道的缓冲区

■ 启动 ArcMap，打开随书数据的地图文档【Chapter6\ 实践数据 6–1 至 6–2\ 交通便捷性评价】。该地图文档中包含【道路】图层，【道路】要素类通过【类型】字段区分两种类型的道路：省道和县道。

■ 选择所有省道要素。

➤ 点击系统菜单【选择】→【按属性选择 ...】，显示【按属性选择】对话框（图6–5）。

图6-5 【按属性选择】对话框

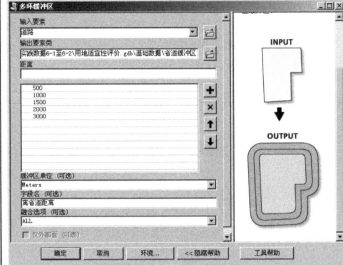

图6-6 设置多环缓冲区对话框

> 在【图层】下拉列表中选择【道路】图层，意味着针对【道路】进行要素选择。

> 选择上部列表框中的【类型】字段，然后点击【获取唯一值】按钮，【类型】字段的值将显示在中部列表框中。

> 点击下部输入框，然后双击【类型】字段，单击【=】按钮，双击中部列表框中的【省道】，从而构建了一个表达式【"类型"＝'省道'】。其含义是选择"类型"字段值为"省道"的要素。

> 点【应用】，可以发现所有"类型"字段值为"省道"的要素均被选中。

> 关闭【按属性选择】对话框和【表】对话框。

■ 缓冲区分析。

> 在【目录】面板中，浏览到【工具箱＼系统工具箱＼Analysis Tools＼邻域分析＼多环缓冲区】，双击该项打开该工具（图6-6）。

> 设置【输入要素】为【道路】（注：作为【输入要素】的要素类，如果其中的一些要素处于选中状态，则ArcGIS只对这些选中的要素进行计算）。

> 设置【输出要素】为【Chapter6＼实践数据6-1至6-2＼用地适宜性评价.gdb＼基础数据＼省道缓冲区】。

> 设置【距离】为【500】，然后点击添加按钮➕，500m缓冲距离被添加。

> 类似地，设置1000、1500、2000、3000m缓冲距离（注：3000m缓冲距离将远超出研究区域，之所以如此设置是为了让研究区域全部落入缓冲区内，它代表2000m以上的缓冲距离）。

> 设置【缓冲区单位】为【Meters】。

> 在【字段名】输入【离省道距离】，该字段用来记录缓冲多边形的名称。

> 点【确定】后开始计算缓冲区，完成后如图6-7所示。这是一幅由5个环构成的要素类。五个环分别代表距离省道0~500、500~1000、

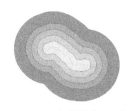

OBJECTID *	Shape *	离省道距离	Shape_Length	Shape_Area
1	面	500	10825.014385	4637888.166666
2	面	1000	24692.62439	6173500.886585
3	面	1500	30749.855224	7685923.590429
4	面	2000	36831.220525	9205082.053853
5	面	3000	46128.097067	23058542.799088

图6-7 省道缓冲区分析结果 图6-8 省道缓冲区的属性表

1000~1500、1500~2000、2000~3000m。打开其属性表可以看到五个环形多边形要素，它们用【离省道距离】字段的值加以区分（图6-8）。

■ 构建县道的缓冲区。

具体操作与构建省道缓冲区类似。首先选择【道路】要素类中的所有县道；然后再启动【多环缓冲区】工具，设置【输出要素】为【Chapter6\ 实践数据6-1至6-2\ 用地适宜性评价 .gdb\ 基础数据 \ 县道缓冲区】，设置缓冲距离为 250、500、1000、1500、3000m，设置【字段名】为【离县道距离】。

2. 综合省道缓冲区和县道缓冲区

综合省道和县道缓冲区的分析结果，最终生成一幅【交通便捷性】评价图，从而得到每块用地分别距离省道和县道的距离。紧接之前步骤，操作如下：

■ 联合叠加【省道缓冲区】和【县道缓冲区】。

➤ 在【目录】面板中，浏览到【工具箱\ 系统工具箱 \Analysis Tools\ 叠加分析 \ 联合】，双击该项打开该工具。

➤ 设置【联合】对话框，如图 6-9 所示。设置【输出要素类】为【Chapter6\ 实践数据 6-1 至 6-2\ 用地适宜性评价 .gdb\ 基础数据 \ 交通便捷性评价】。

➤ 点【确定】。

图6-9 联合叠加【省道缓冲区】和【县道缓冲区】

■ 综合评价。

➤ 打开上一步生成的【交通便捷性评价】属性表。

➤ 添加短整型类型的【评价值】字段，点击属性表工具条中的 ⊞·，在弹出菜单中选择【添加字段 ...】，弹出【添加字段】对话框，在【名称】栏输入【评价值】，【类型】设置为【短整型】，点【确定】，完成【评价值】字段的添加。

➤ 右键点击【评价值】字段，在弹出菜单中选择【字段计算器···】，显示【字段计算器】对话框，设置如图 6-10 所示：选择【VB 脚本】，勾选【显示代码块】，在【预逻辑脚本代码】栏中输入：

```
value = 0
if [离省道距离] = 500 or [离县道距离] = 250 Then
   value= 5
elseif [离省道距离] = 1000 or [离县道距离] = 500 Then
   value= 4
elseif [离省道距离] = 1500 or [离县道距离] = 1000 Then
   value= 3
elseif [离省道距离] = 2000 or [离县道距离] = 1500 Then
   value= 2
elseif [离省道距离] = 3000 or [离县道距离] = 3000 Then
   value= 1
end if
```

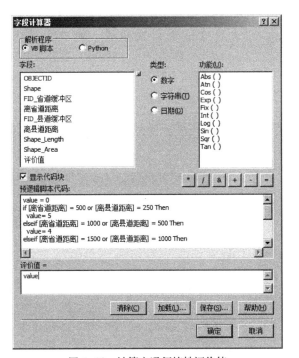

图 6-10　计算交通便捷性评价值

➤ 在【评价值】栏中输入【value】。

➤ 点【确定】。上述设置的含义是让【评价值】等于自定义变量【value】，而【value】的取值是根据【预逻辑脚本代码】栏中的代码计算得到，例如第一行的代码将【value】赋值为 0，这是默认值；第二行代码的含义是，如果【离省道距离】=500 或者【离县道距离】=250，则【value】=5。上述值的设定依据是表 6-3。

评价计算完成后，根据【评价值】字段，对【交通便捷性评价】图层作类别符号化后如图 6-11 所示。

3.转换成栅格数据

紧接之前步骤，操作如下：

■ 在【目录】面板中，浏览到【工具箱＼系统工具箱＼Conversion Tools＼转栅格＼面转栅格】，双击该项打开该工具，设置【面转栅格】对话框，如图 6-12 所示：

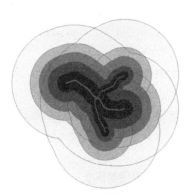
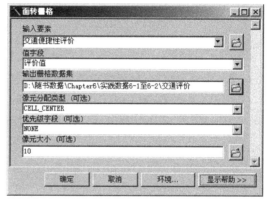

图 6-11　交通便捷性评价结果　　　　图 6-12　【面转栅格】对话框

➢ 设置【输入要素】为【交通便捷性评价】。
➢ 设置【值字段】为【评价值】字段，意味着根据该字段的值构建栅格数据。
➢ 设置【输出栅格数据集】为【Chapter6＼实践数据 6-1 至 6-2＼用地适宜性评价 .gdb＼交通评价】。
➢ 设置【单元大小】为【10】，这是每个栅格的边长。
➢ 设置栅格数据的范围。点击【环境 ...】按钮，显示【环境设置】对话框。展开【处理范围】项，设置【范围】项为【与图层 研究范围 相同】，如图 6-13 所示。点【确定】退出【环境设置】对话框。
➢ 点【确定】。

转换完毕后如图 6-14 所示，栅格范围已被裁剪到和【研究范围】图层一致。

实践 6-2（规划分析）高程适宜性评价

实践概要	表 6-4
实践目标	利用栅格重分类技术，按照高程区间对用地进行适宜性评级
实践内容	学习栅格重分类
实践数据	随书数据【＼Chapter6＼实践数据 6-1 至 6-2＼】

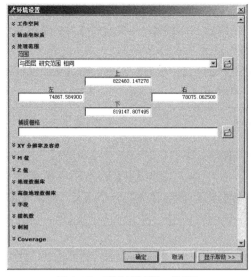

图 6-13 【环境设置】对话框

图 6-14 转换成栅格的效果

高程适宜性评价将根据用地的高程区间给予评价值。从随书数据提供的【高程】里可以看到研究区域地形起伏较大，高程范围从 310~520m，并不是所有的区域都适宜建设。考虑到城市基础设施建设的难度,确定评价标准如表 6-5 所示。

地形高程的评价标准 表 6-5

评价因子	分类	分级
地形高程	高程在 310~330m	5
	高程在 330~350m	4
	高程在 350~370m	3
	高程在 370~400m	2
	高程在 400m 以上	1

下面利用【空间分析】扩展模块的【重分类】工具,进行分级。

■ 打开随书数据的地图文档【Chapter6\ 实践数据 6-1 至 6-2\ 高程适宜性评价】。

■ 打开【重分类】工具。

在【目录】面板中，浏览到【工具箱 \ 系统工具箱 \Spatial Analyst Tools\ 重分类 \ 重分类】，双击该项打开该工具。

■ 设置【重分类】对话框，如图 6-15 所示：

➤ 设置【输入栅格】为【高程】。

➤ 设置【重分类字段】为【Value】。

➤ 如果【重分类】栏的列表中已经有了条目，请逐个选择并点击【删除条目】，删除除【NoData】外的其他条目。

➤ 点击按钮【添加条目】,【重分类】栏中新添了一行。点击该行的【旧值】列，使该单元格进入编辑状态，输入【310 – 330】（注：符号"–"前后各有一个空格），在【新值】列中输入【5】。类似地，输入【330 – 350】、【350 – 370】、【370 – 400】、【400 – 1000】各行。

> 设置【输出栅格】为【chp04\ 练习数据 \ 评价基础数据 \ 用地适宜性评价 .mdb\ 高程评价】。

> 点击【环境 ...】按钮。展开【处理范围】项，设置【范围】项为【与图层 研究范围 相同】，点【确定】。

> 点【确定】开始重分类，分类结果如图 6–16 所示。

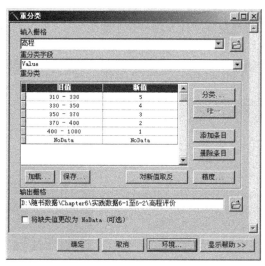

图 6–15　对高程重分类

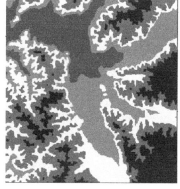

图 6–16　地形高程评价结果

6.3　城市用地适宜性综合评价

实践 6-3（规划分析）多个单因素适宜性评价结果的简单叠加

实践概要	表 6–6

实践目标	学习栅格叠加分析中的加权求和工具，生成用地适宜性评价图
实践内容	学习栅格叠加分析中的加权求和工具，综合所有单因素示意性评价结果 复习栅格重分类，对评价结果值进行评级
实践数据	随书数据【\Chapter6\ 实践数据 6–3\】

打开随书数据【Chapter6\ 实践数据 6–3\ 多因素适宜性评价 .mxd】，其中已经包含了各个单因素适宜性评价的结果，包括【交通评价】、【滨水评价】、【森林评价】、【工业评价】、【城市评价】、【高程评价】以及【坡度评价】。以上七个单因素按照各自对于适宜性的影响程度已经进行了等级划分。

1. 栅格叠加运算

前面对各个单因子进行了用地适宜性评价，得到了栅格评价图，接下来要对所有单因素评价的栅格数据作叠加运算，得到综合评价图。

■ 打开栅格叠加工具。

在【目录】面板中，浏览到【工具箱＼系统工具箱＼空间分析工具＼叠加分析＼加权总和】，双击该项打开该工具。

■ 设置【加权总和】对话框，如图6-17所示：

➢ 将之前生成的所有单因素评价图加入【输入栅格】。

➢ 按照表6-1设置各因素的权重。

➢ 设置【输出栅格】为【Chapter6＼实践数据6-3＼用地适宜性评价.gdb＼适宜性评价】。

➢ 点【确定】。计算完成后得到【适宜性评价】栅格（图6-18），其中评价值越低颜色越深，代表越不适合建设。

图6-17 【加权总和】对话框

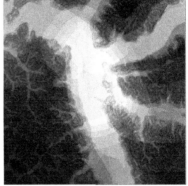

图6-18 适宜性评价图

2. 划分适宜性等级

根据前面对各单因素评价值含义的约定，3分是可以接受的适宜用作居住用地的最低值，5分代表最适宜建设，1分代表完全不适宜建设。据此，本实践将适宜性等级划分为6级，具体如表6-7所示。

适宜性等级划分标准　　　　　　　　　　　　　　　表6-7

类别等级	评价分值	适宜性类别
I	4.5~5	最适宜建设用地
II	4~4.5	适宜建设用地
III	3.5~4	比较适宜建设用地
IV	3~3.5	有条件限制建设用地
V	2~3	不适宜建设用地
VI	1~2	特别不适宜建设用地

根据上述评价等级划分区间，对【适宜性评价】图进行【重分类】运算。

■ 重分类。

在【目录】面板中，浏览到【工具箱＼系统工具箱＼空间分析工具＼重

图 6-19 适宜性评价重分类

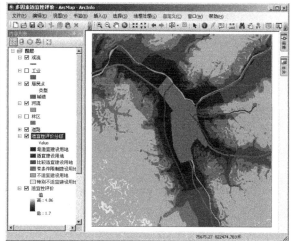

图 6-20 用地适宜性评价结果

分类\重分类】，双击该项打开该工具，设置【重分类】对话框，如图 6-19 所示，点【确定】，计算完成后得到结果图层【适宜性评价分级】。

■ 对结果图层【适宜性评价分级】作栅格唯一值符号化，效果如图 6-20 所示。

3. 统计面积

右键点击【适宜性评价分级】图层，在弹出菜单中选择【打开属性表】，栅格数据的表与矢量数据的表有所不同，其中的【Value】字段代表栅格值，【Count】字段是某栅格值的栅格点计数。

■ 添加双精度的【面积】字段。

■ 使用【字段计算器】计算【面积】=【Count】*10*10，"10*10"得到的是每个栅格的面积（注：之前生成栅格数据时，设定栅格大小为 10m×10m），最终得到的属性表如图 6-21 所示。

从分析结果来看，最适宜作居住用途的用地主要是围绕着现状建成区扩展，并往西北方向延伸。适宜作居住用途的用地（value = 1 or 2）面积共有 228.68hm²，相对于现状 55.74hm² 镇区，已足以满足规划期内的居住用地需求。

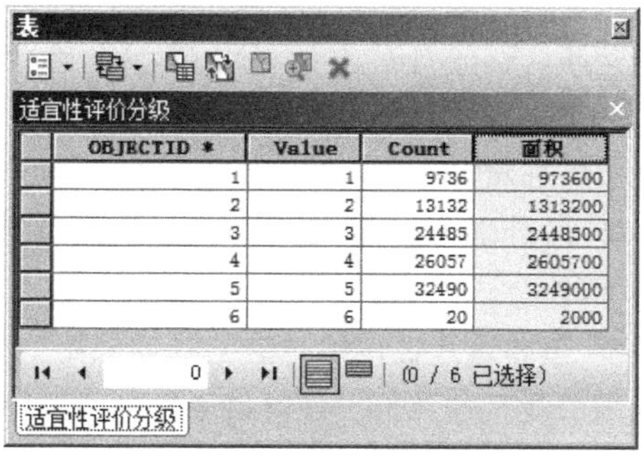

OBJECTID *	Value	Count	面积
1	1	9736	973600
2	2	13132	1313200
3	3	24485	2448500
4	4	26057	2605700
5	5	32490	3249000
6	6	20	2000

图 6-21 各类用地面积的统计

实践 6-4（GIS 高级，规划分析）多个单因素适宜性评价结果的高级叠加

实践概要   表 6-8

实践目标	学习高级栅格叠加技术，基于木桶理论来计算用地适宜性
实践内容	学习栅格计算器，它可以实现各种复杂的栅格计算 学习像元统计数据工具，根据多个栅格数据计算每个像元的统计数据（最大、最小等） 学习栅格条件函数（Con），根据条件的真假，输出相应的栅格值
实践思路	问题解析：根据木桶理论，在进行用地适宜性评价时存在一些限制因素，当限制因素的评价值为不适宜建设时，就判定这片区域不适宜建设，无论其他因素显示是否适宜建设，而其他区域还是按照加权叠加的方法综合所有因子的评价值。本实践将【高程评价】、【坡度评价】和【森林评价】三个因子作为限制因素 关键技术：(1) 综合多个限制因素，得到各限制因素中的最小值。通过【像元统计数据】功能实现，它根据多个栅格数据计算每个像元的最大、最小、平均值等统计数据 (2) 将综合后的限制因素加入适宜性评价。通过 Con 函数的栅格计算实现，对于任意像元，当该像元所在位置的【限制因素】栅格像元值小于等于 2 时取【限制因素】栅格的像元值，大于 2 时取【适宜性评价】栅格的像元值 所需数据：各个单因素用地适宜性评价结果 技术路线：(1) 各个单因素用地适宜性评价结果的加权叠加，得到栅格【适宜性评价】 (2) 通过【像元统计数据】综合多个限制因素，求得各限制因素中的最小值，得到栅格【限制因素】 (3) 通过 Con 函数和栅格计算器，将栅格【限制因素】加入到栅格【适宜性评价】，当【限制因素】栅格像元值小于等于 2 时取【限制因素】栅格的像元值，大于 2 时取【适宜性评价】栅格的像元值 (4) 栅格重分类，得到【适宜性评价分级】
实践数据	随书数据【\Chapter6\ 实践数据 6-4\】

在上一个实践中，将七个单因素分别赋予权重，采用加权求和的方式求出整体的适宜性评价结果。然而，在现实情况中，往往不能简单地按照权重的方式来衡量一个因素对于建设的影响程度，例如某一个区域是保护森林，是绝对不能够建设的区域，而在加权求和的时候其他评价因子却是十分适合，最终加权的结果可能会导致这一区域是适宜建设的。显然这种结果是不合理的。

为了避免以上情况的出现，更加真实地模拟实际，应该基于木桶理论来计算用地适宜性。所谓木桶理论是指一只木桶能盛多少水，并不取决于最长的那块木板，而是取决于最短的那块木板。当我们作用地适宜性评价时，最短的那块"木板"通常为地质灾害区、坡度较大或高差起伏过大的地区，基本农田等。

在此，我们选定【高程评价】、【坡度评价】和【森林评价】三个因子作为限制因素，当它们的等级在某一区域低于 2 时（即不适宜建设），就判定这片区域不适宜建设，无论其他条件是否适宜。

■ 打开随书数据【Chapter6\ 实践数据 6-4\ 基于木桶理论的适宜性评价 .mxd】。

■ 整体适宜性评价。这里我们采用一种新的栅格计算器的方法来进行研究范围的适宜性评价。在【目录】列表浏览到【工具箱 \ 系统工具箱 \Spatial Analyst Tools\ 地图代数 \ 栅格计算器】。打开【栅格计算器】，按照图 6-22

图6-22 栅格计算器

进行设置，得到栅格【适宜性评价】，它与上一实践通过加权叠加得到的结果是完全相同的。

图6-22构建了一个地图代数表达式【"交通评价"*0.28+"滨水评价"*0.09+"工业评价"*0.07+"森林评价"*0.07+"城市评价"*0.18+"高程评价"*0.155+"坡度评价"*0.155】，它把图层当做变量参与代数运算，得到与加权叠加相同的结果。

■ 限制因素叠加，取各个限制因素中的最小值。在【目录】列表浏览到【工具箱 \ 系统工具箱 \Spatial Analyst Tools\ 局部 \ 像元统计数据】，打开【像元统计数据】对话框，按照图6-23进行设置，设置【叠加统计】为【MINIMUM】，表示最终结果取各个限制因素中的最小值，即找出最不适宜建设的情况。求解结果如图6-24所示，得到栅格【限制因素】，图6-24中评价值越低颜色越浅，代表越不适合建设。

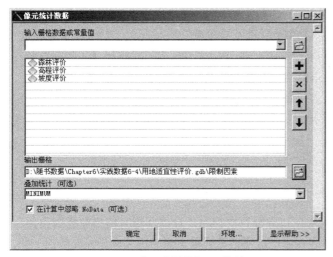

图6-23 【像元统计数据】对话框

图6-24 【限制因素】栅格

■ 将限制因素加入适宜性评价。在【目录】列表浏览到【工具箱 \ 系统工具箱 \Spatial Analyst Tools\ 地图代数 \ 栅格计算器】。打开【栅格计算器】，使用 Con 函数进行计算，按照图 6-25 设置，得到栅格【带限制因素的用地适宜性评价】(图 6-26)，其中评价值越低颜色越深，代表越不适合建设。

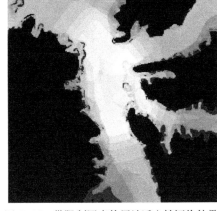

图 6-25 用 Con 函数计算适宜性　　　图 6-26 带限制因素的用地适宜性评价结果

其中关键是使用了 Con 函数。Con 函数的基本表达式为【Con(<condition>,<true_expression>, <false_expression>)】，其含义是对于条件 <condition> 成立的像元，输出栅格的该像元值取 <true_expression>，如果条件不成立则取 <false_expression>。

据此，图 6-25 中的表达式【Con ("限制因素" <= 2," 限制因素"," 适宜性评价")】的含义为：对于任意像元，当该像元所在位置的【限制因素】栅格像元值小于等于 2 时取【限制因素】栅格的像元值，大于 2 时取【适宜性评价】栅格的像元值。这表明，当所有因子一起参与评价时，首先要满足限制因素的条件，只有当限制因素是适宜建设的情况下，才能将其他因子叠加，若限制因素为不适宜建设，则其他条件就不再考虑。

■ 重分类。按照表 6-7 的适宜性等级划分标准，对栅格【带限制因素的用地适宜性评价】进行重分类后的结果如图 6-27 所示。

对比图 6-20 简单加权叠加的结果，加入限制因素后的用地适宜性评价结果更为合理，不适宜建设的用地更多，包括了林区、高程以及坡度不适宜的地方。

6.4 本章小结

本章以规划常用的用地适宜性评价为例，重点介绍了栅格数据的叠加分析方法。栅格叠加是建立在多个栅格数据的逐点像元——像元计算基础上的。ArcGIS 支持的栅格计算类型众多，包括加、减、乘、除、=、<、>、逻辑与、

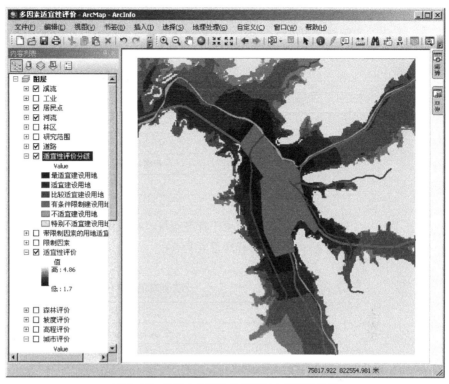

图 6-27　基于木桶理论的用地适宜性评价结果

逻辑或、逻辑非、像元统计（最大值、最小值、平均值、众数等）、条件 Con 等。这些工具以及它们的组合使用为规划分析提供了无限可能，除了用地适宜性评价，生态敏感性评价、景观评价、土地经济性评价、规划实施效果评价等需要综合大量信息的评价都可以通过栅格叠加来实现。在很多分析中，栅格叠加比矢量叠加更具优势。

练习 6-1：基于环境、城市氛围进行单因素适宜性评价

随书数据【Chapter6\ 练习数据 6-1 至 6-2\ 单因素适宜性评价 .mxd】提供了开展滨水环境、远离工业污染、森林环境、城市氛围单因素用地适宜性评价所需的数据，请按照以下评价标准，参照"实践 6-1　交通便捷性评价"提供的方法，得到各个单因素用地适宜性评价结果。

（1）滨水评价：以距离河流、溪流的远近来评价，具体评价标准见表 6-9。

滨水环境的评价标准

表 6-9

评价因子	分类	分级
滨水环境	距离河流 0~250m，或距离溪流 0~100m	5
	距离河流 250~500m，或距离溪流 100~200m	4
	距离河流 500m 以上，或距离溪流 200m 以上	3

(2) 森林评价：由于林区内环境宜人，因而离它们越近的区域环境较好，更加适宜作居住用地，但林区内是禁止建设的，具体评价标准见表 6-10。

森林环境的评价标准　　　　表 6-10

评价因子	分类	分级
森林环境	距离林区 0~100m	5
	距离林区 100~300m	4
	距离林区 300m 以上	3
	林区内	1

(3) 工业评价：由于存在空气、噪声和水污染，距离工业区越近的区域环境越差，具体评价标准见表 6-11。

工业环境的评价标准　　　　表 6-11

评价因子	分类	分级
工业环境	距离工业区 1000m 以上	4
	距离工业区 200~1000m	3
	距离工业区 100~200m	2
	距离工业区 0~100m，或工业区内部	1

(4) 城市评价：城市评价主要考虑城市氛围，而距离城市中心越近城市氛围越好，具体评价标准见表 6-12。

城市氛围的评价标准　　　　表 6-12

评价因子	分类	分级
城市氛围	距离城镇建成区 0~100m	5
	距离城镇建成区 100~200m	4
	距离城镇建成区 200~300m	3
	距离城镇建成区 300~500m	2
	距离城镇建成区 500~3000m	1

练习 6-2：坡度栅格重分类

随书数据【Chapter6\ 练习数据 6-1 至 6-2\ 单因素适宜性评价 .mxd】提供了开展坡度适宜性评价所需的数据，请按照以下评价标准，参照"实践 6-2 高程适宜性评价"提供的方法，得到坡度适宜性评价结果。

坡度评价：在随书数据提供的【坡度】里可以看到，研究区域地形起伏较大，坡度最高达到 56°，确定允许建设的坡度范围为 30° 以下，具体评价标准见表 6-13。

评价因子	分类	分级
	坡度在 0°~7°	5
	坡度在 7°~15°	4
地形坡度	坡度在 15°~30°	3
	坡度在 30°~40°	2
	坡度在 40° 以上	1

地形坡度的评价标准　　　　　　　　　　表 6-13

练习 6-3：生态敏感性评价

　　生态敏感性是指生态系统对区域内自然和人类活动干扰的敏感程度，它反映区域生态系统在遇到干扰时，发生生态环境问题的难易程度和可能性的大小，并用来表征外界干扰可能造成的后果。

　　生态敏感性评价是城市规划现状分析时常用的评价之一，其评价方法与用地适宜性评价基本类似，基本上也是采用栅格叠加的方法来实现。

　　随书数据【Chapter6\ 练习数据 6-1\ 生态敏感性评价 .mxd】提供了坡度、坡向、高程、水域、用地类型、植被类型、水土流失指数 7 类常用的单因素生态敏感性评价结果，其评价值 1、3、5、7、9 分别代表了不敏感、轻度敏感、中度敏感、高度敏感和极敏感（图6-28）。

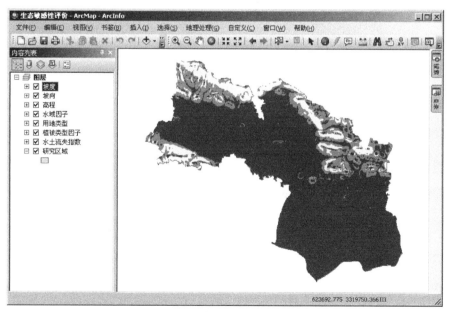

图 6-28　生态敏感性评价基础数据

　　请参照 "实践 6-4 多个单因素适宜性评价结果的高级叠加" 提供的方法，按照表 6-14 提供的权重，将【用地类型】、【水域】和【植被类型】作为限制因素，进行生态敏感性评价。

生态敏感性评价因子及权重　　　　　　　　　表 6-14

评价因子	权重
坡度	0.14
坡向	0.13
高程	0.14
水域	0.16
用地类型	0.15
植被类型	0.15
水土流失指数	0.13

第7章 三维地形、地貌模拟——地表面构建和修改

虽然目前规划师大多基于二维环境来开展规划设计、研究和管理，但是随着科技的发展，在三维环境中开展规划也逐渐走入现实。三维环境下的规划具有许多突出优势，例如可以更加直观地看到地形地貌、建筑和空间环境，更加真实地感受空间氛围和场景，此外由于多了一维所以信息量更大，等等。

尽管 ArcGIS 不是专门用于三维规划设计的平台，但是它提供了大量关于三维大地环境的建模和分析工具（例如第 3 章介绍过的不规则三角网，它可以模拟三维地表面，还有坡度坡向分析工具、景观视域分析工具等），在暂时还没有专门的三维规划系统的情况下，ArcGIS 是目前最有价值、功能最强大的三维规划分析平台。

由于三维分析的前提是要有三维模型，所以本章将主要介绍构建和修改三维模型的方法，包括创建不规则三角网类型的地表面和数字高程模型（DEM）类型的栅格地表面，创建带建筑、水面和道路的二维半场景，修改地表面等。通过本章的学习，将掌握以下知识或技能：

■ 创建不规则三角网地表面；

■ 创建栅格地表面；

■ 拉升建筑，附着水面、道路，创建二维半场景；

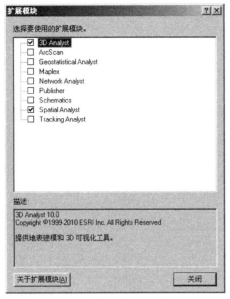

图 7-1 【扩展模块】对话框

■ 编辑不规则三角网，编辑规划地表面，三维竖向规划；

■ 填挖方分析。

本章内容需要使用 ArcGIS 的 "3D Analyst" 扩展模块，该模块需要额外付费购买。在第一次使用该模块之前需要首先加载该模块，可点击菜单【自定义】→【扩展模块...】，显示【扩展模块】对话框，勾选其中的【3D Analyst】选项（图 7-1）。否则和该模块相关的工具将不能使用。

7.1 创建地表面

规划师一般从地形图中获取地形地貌的信息，但是只能通过等高线、标高去想象地表面，这并不直观，容易出现纰漏。本节将根据地形图的等高线和标高去构建地形表面，使规划师如同亲临现场般地感受规划场地。

ArcGIS 地表面主要有不规则三角网模型、地形模型（Terrain 表面，ArcGIS 地理数据库的专用地表面模型）和栅格模型（规则空间格网）三种形式。一般而言，不规则三角网模型和地形模型更容易编辑，因为它们是矢量模型，而栅格模型更容易进行分析研究，所以本节主要介绍这两种模型。

实践 7-1（GIS 基础）根据地形 CAD 图创建不规则三角网地表面

	实践概要	表 7-1
实践目标	掌握从 CAD 地形图生成不规则三角网地表面的方法，以及不规则三角网转数字高程模型的方法	
实践内容	掌握创建不规则三角网功能对 CAD 地形数据的要求 学习【创建 TIN】功能 学习【TIN 转栅格地表面】功能	
实践数据	随书数据【Chapter7\ 实践数据 7-1 至 7-3】	

1. 准备地形 CAD 数据

规划所用地形数据主要源自地形图，让我们首先从地形图中抽取反映地形起伏的等高线、高程点等元素。

■ 启动 AutoCAD 软件，打开数据【Chapter7\ 实践数据 7-1 至 7-3\ 地形 .dwg】。

■ 检查等高线、高程点、建筑、水面是否带有高程属性，并进行完善。对于二维多段线，一般存放在【标高】属性，而三维多段线则存放在各个顶点的【顶点 Z 坐标】。可使用 AutoCAD 系统菜单中的工具【工具 \ 快速选择】（图 7-2），批量找到没有高程属性的元素，并通过【对象特性】对话框设置其【标高】属性。

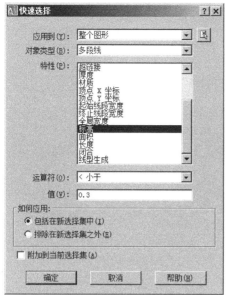

图 7-2　AutoCAD 中的快速选择工具　　　　　图 7-3　为陡坎增加坡底高程点

■ 对高程点进行补充。地形图中陡坎、挡土墙的坡底一般没有高程点，需要根据坡底地形增加高程点（图 7-3），否则生成的地表面将不会出现陡坎或挡土墙。

■ 检查建筑和水面是否是封闭的多段线。首先全选它们，然后在【对象特性】对话框设置其【闭合】属性为【是】（图 7-4）。

■ 在 ArcScene 中进行三维检查。启动 ArcScene，加载上述处理好的 CAD 文件，可以看到所有要素都被放置到【标高】属性设定的位置（图 7-5），对它们的高程进行检查，发现错误直接在 AutoCAD 中进行修改并保存，ArcScene 中进行平移、缩放操作后会自动更新。

■ 在 AutoCAD 下将等高线、高程点、建筑、水面等具有高程的图层分别导出为单独 dwg 文件，导出的结果参见随书数据【Chapter7\ 实践数据 7-1 至 7-3\ 分要素地形 \】。

2．创建 TIN 地表面

■ 启动 ArcMap，将随书数据【Chapter7\ 实践数据 7-1 至 7-3\ 分要素地形 \】中的【等高线 .dwg Polyline】、【高程点 .dwg Point】、【建筑 .dwg Polygon】、【水面 .dwg Polygon】加载到当前地图文档。

■ 启动工具【工具箱 \ 系统工具箱 \3D Analyst Tools\ TIN 管理 \ 创建

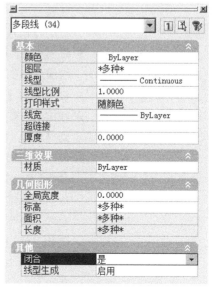

图 7-4　检查建筑及水面是否闭合

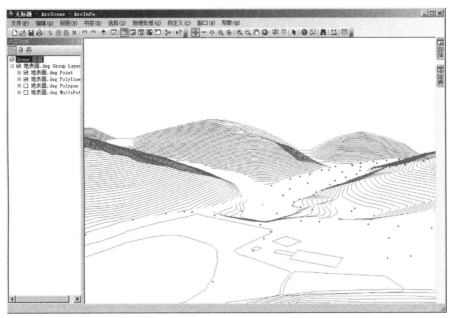

图 7-5 在 ArcScene 下对等高线进行检查

TIN】，弹出【创建 TIN】对话框，设置如图 7-6 所示。

> 设置【输出 TIN】为【Chapter7\ 实践数据 7-1 至 7-3\TIN 地表面】。

> 拖拉【内容列表】中的图层【等高线 .dwg Polyline】到【创建 TIN】对话框的【输入要素类】栏。

> 设置它的【height_field】为【Elevation】，这意味着用 dwg 文件中【Elevation】属性作为【高程】值。

> 设置它们的【SF_type】为【软断线】。

> 拖拉【内容列表】中的图层【高程点 .dwg Point】到【创建 TIN】对话框的【输入要素类】栏。

> 设置它的【height_field】为【height】，【height】是 dwg 文件中高程点块属性中的属性。

> 设置它的【SF_type】为【离散多点】类型。

> 拖拉【内容列表】中的图层【水面 .dwg Polygon】、【建筑 .dwg Polygon】到【创建 TIN】对话框的【输入要素类】栏。

> 设置它们的【height_field】为【Elevation】，设置它们的【SF_type】为【硬替换】（硬替换定义了不规则三角网中高度恒定的区域，必须为面要素，所以在之前准备地形 CAD 数据时建筑和水面需保证是封闭的多段线。此外，硬替换面中的地形将被替换，即被抹平掉）。

> 使用 ↑ ↓ 调整上述输入要素的顺序，如图 7-6 所示（特别是硬替换的建筑和水面要放到最后，显然只有首先生成地表面然后才能替换）。

> 点击【确定】，开始计算，结果如图 7-7 所示。

图 7-6 创建 TIN 对话框

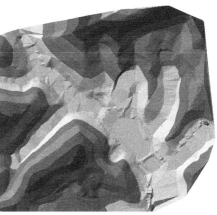

图 7-7 创建的不规则三角网地表面

ArcGIS
功能说明

ArcGIS构建不规则三角网地表面的要素类型

【SF_type】是表面要素类型，主要有硬断线、软断线和离散多点：

（1）硬断线（Hard breaklines）描述的是坡度的不连续性，例如河道。生成三角网地表面后，它将作为不规则三角网的边。当地表面遇到硬断线时，坡度将急剧变化。

（2）软断线（Soft breaklines）与硬断线类似，只是它影响地形的方式更柔和，当地表面遇到软断线时，坡度将缓慢变化。但是这种硬和软的区别只在将不规则三角网转换成栅格之后才会体现出来。

（3）离散多点（Mass point）表示具体点位的高程Z值有多少。生成三角网后，它们按照相同的位置和高程被保存成结点。

（4）硬替换（Soft Replacement）定义高度恒定的区域的面数据集。

此外，对于多边形要素，还有硬裁剪【hardclip】、硬擦除【harderase】、硬值填充【hardvaluefill】，对应的还有软裁剪【softclip】、软擦除【softerase】、软替换【softreplace】、软值填充【softvaluefill】。例如，一条带高程的多边形作为湖面边界应该用【硬替换】，这时湖面边界将参与不规则三角网，替换多边形内的其他等高线，并形成一个较陡的坡岸。

3. 不规则三角网转栅格地表面

由于有些分析工具只针对栅格地表面（例如视域分析），所以经常需要将不规则三角网转换成栅格地表面。

■ 启动工具【工具箱 \ 系统工具箱 \3D Analyst Tools\ 转换 \ 由 TIN 转出 \TIN 转栅格】，弹出【TIN 转栅格】对话框。设置如图 7-8 所示。

➢ 设置【输入 TIN】为【原始地表面】。

➢ 设置【输出栅格】为【Chapter7\ 实践数据 7-1 至 7-3\ 栅格来自 TIN】。

➢ 设置【采样距离】为【CELLSIZE 1】，意味着输出栅格的像元大小为 1m×1m，点击【确定】，开始计算，结果如图 7-9 所示。

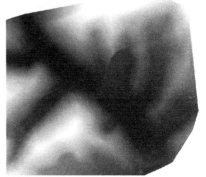

图 7-8 【TIN 转栅格】对话框　　　　　　　图 7-9　TIN 转栅格结果

实践 7-2（GIS 基础）根据地形 CAD 图创建栅格地表面

栅格地表面用高程栅格来模拟地表面，因此也称为数字高程模型（DEM）。数字高程模型在空间分析方面作用巨大，被广泛应用于视域分析、土方量计算、汇水区分析、水系网络分析、淹没分析等方面。本实践将基于 CAD 地形图生成数字高程模型栅格地表面。

	实践概要	表 7-2
实践目标	掌握从 CAD 地形图生成数字高程模型栅格地表面的方法，以及数字高程模型转不规则三角网模型的方法	
实践内容	掌握创建数字高程模型栅格地表面对 CAD 地形数据的要求 学习【地形转栅格】功能，创建数字高程模型 学习【栅格转 TIN】功能	
实践数据	同前，即随书数据【Chapter7\ 实践数据 7-1 至 7-3】	

■ 启动 ArcMap，将随书数据【Chapter7\ 实践数据 7-1 至 7-3\ 分要素地形 \】中的【等高线 .dwg Polyline】、【建筑 .dwg Polyline】、【水面 .dwg Polyline】、【高程点 .dwg Point】、【建筑 .dwg Polygon】、【水面 .dwg Polygon】加载到当前地图文档。

■ 启动工具【工具箱 \ 系统工具箱 \3D Analyst Tools\ 栅格插值 \ 地形转栅格】，弹出【地形转栅格】对话框，设置如图 7-10 所示。

> 拖拉【内容列表】中的图层【等高线 .dwg Polyline】、【水面 .dwg Polyline】、【建筑 .dwg Polyline】到【地形转栅格】对话框的【输入要素数据】栏。

> 设置它们的【字段】为【Elevation】，【类型】为【Contour】。

> 拖拉【内容列表】中的图层【高程点 .dwg Point】到【地形转栅格】对话框的【输入要素数据】栏。

> 设置它的【字段】为【height】，【类型】为【PointElevation】。

> 拖拉【内容列表】中的图层【建筑 .dwg Polygon】、【水面 .dwg Polygon】到对话框的【输入要素类】栏。

图 7-10 【地形转栅格】对话框

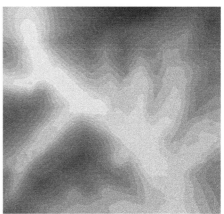

图 7-11 地形转栅格结果

> 设置它们的【类型】为【Lake】。

> 使用 ↑ ↓ 调整上述输入要素的顺序，如图 7-10 所示。

> 设置【输出表面栅格】为【Chapter7\ 实践数据 7-1 至 7-3\ 栅格地形】。

> 设置【输出像元大小】为【1】，它代表输出栅格的像元大小是 1m×1m。

> 认可其他默认设置，点击【确定】开始计算，结果如图 7-11 所示。

上述输入要素中，建筑和水面被输入了两遍，其中第一遍是把它们当做等高线来构建栅格地表面，而第二遍是作为 Lake 抹平建筑和水面中的地形。

ArcGIS 功能说明	⬇ ArcGIS【地形转栅格】支持的六种输入类型
	【地形转栅格】工具的界面中对于输入的参与构建栅格地表面的要素，可以设置六种类型
	(1) PointElevation：表示表面高程的点要素类。Field 用于存储点的高程。
	(2) Contour：表示高程等值线的线要素类。Field 用于存储等值线的高程。
	(3) Lake：指定湖泊位置的面要素类。湖面内的所有输出栅格像元均将指定为使用沿湖岸线所有像元高程值中最小的那个高程值。Lake 没有 Field 选项。
	(4) Stream：河流位置的线要素类。所有弧线必须定向为指向下游。Stream 没有 Field 选项。
	(5) Sink：表示已知地形凹陷的点要素类。
	(6) Boundary：包含表示输出栅格外边界的单个面的要素类。输出栅格中，位于此边界以外的像元将为 NoData。

> 栅格地表面转 TIN。启动工具【工具箱 \ 系统工具箱 \3D Analyst Tools\ 转换 \ 由栅格转出 \ 栅格转 TIN】，弹出【栅格转 TIN】对话框，设置如图 7-12 所示。

> 设置【输入栅格】为【栅格地形】。

> 设置【输出 TIN】为随书数据【Chapter7\ 实践数据 7-1 至 7-3\tin 来自栅格】。

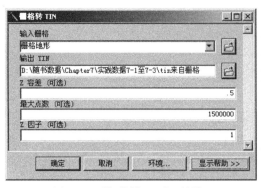

图 7-12 【栅格转 TIN】对话框

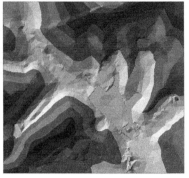

图 7-13 栅格地形转 TIN 结果

➢ 设置【Z 容差】为【0.5】。【Z 容差】是输入栅格与输出 TIN 之间所允许的最大高度差，它越小，生成的 TIN 就越细腻。

➢ 点击【确定】，开始计算，结果如图 7-13 所示。

7.2 快速创建带建筑、水面和道路的二维半场景

规划时，仅有三维地表面还是不够的，如果能加入三维建筑、水面、道路，场景就比较全面了。但是在模拟大型城市场景时（例如整个规划片区或整个城市），由于建筑数量众多，建模工作量十分巨大。

而 ArcGIS 提供的二维半建模方式可以快速、大规模地拉升出立体建筑，可以将水面和道路浮动在地表面上，非常适合于大范围的场景模拟。

实践 7-3（GIS 基础）快速创建二维半场景

实践概要 表 7-3

实践目标	根据 CAD 地形图为地表面增加建筑、水面、道路，快速创建准三维场景
实践内容	学习 ArcScene 中关于拉升、浮动、光阴渲染等设置 学习设置三维场景的太阳方位和角度
实践数据	同前，即随书数据【Chapter7\ 实践数据 7-1 至 7-3】

■ 启动 ArcScene，打开 Scene 文档随书数据【Chapter7\ 实践数据 7-1 至 7-3\ 二维半场景 .sxd】。其中，含有【原始地表面】TIN 图层，来自 DWG 文件的"水面 .dwg Polygon"、"道路 .dwg Polyline"以及从【建筑 .dwg】导出的含层数属性的【建筑】ShapeFile 图层。

■ 拉升出二维半建筑并浮动到地表面上。右键点击【建筑】图层，在弹出菜单中选择【属性 ...】，显示【图层属性】对话框，进行如下设置。

➢ 设置建筑基地标高。切换到【基本高度】选项卡（图 7-14），勾选【浮动在自定义表面上】，并选择【没有基于要素的高度】，这使房屋浮动到地表面上。

➢ 拉升成立体建筑。切换到【拉伸】选项卡（图 7-15），勾选【拉伸图

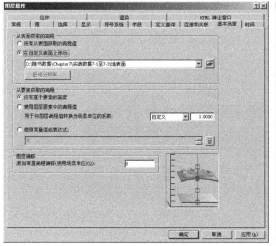

图 7-14 ArcScene 基本高度选项板　　　　　　　　　　图 7-15 ArcScene 拉伸选项板

　　　　层中的要素 ...】，然后点击【拉伸值或表达式】栏的计算机按钮▦，
　　　　显示【表达式构建器】对话框，在【表达式】栏输入【[层数]*3】，这
　　　　是建筑屋顶的大致高度，点【确定】。

　➢ 切换到【渲染】选项卡，勾选【相对于场景的光照位置为面要素创建
　　阴影】。

　➢ 点击【确定】，效果如图 7-16 所示。

　■ 添加水面、道路等其他地物。分别打开【水面 .dwg Polygon】、【道路 .dwg
Polyline】图层的【图层属性】对话框，切换到【基本高度】选项卡，勾选【浮
动在自定义表面上】，并选择【没有基于要素的高度】，这使这些要素浮动到地
表面上。最终的效果如图 7-17 所示。

　■ 调整太阳方位和高度。双击【内容列表】面板中的顶节点【Scene 图层】，
调出【Scene 属性】对话框，切换到【照明度】选项卡（图 7-18）。

　➢ 在【方位角】栏点击东南角，将太阳设置为东南方向。

　➢ 在【高度】栏点击 25° 附近的位置，设置为早上初升的太阳，此时光
　　影对比比较强烈。

　➢ 点【确定】应用设置。

　　至此，已快速地构建出了一个山地居民点的场景。这对于规划分析研究具
有重要价值。

图 7-16 拉伸二维半建筑后的效果　　　　　　　　　　图 7-17 添加河流、道路后的效果

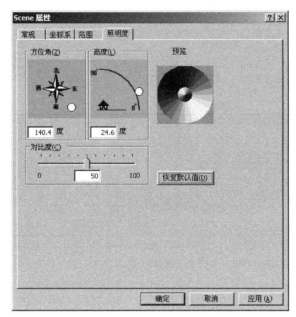

图 7-18　设置太阳方位和角度

7.3　基于TIN地表面的三维竖向规划

规划往往会对地形进行改变，因此需要进行竖向规划，但二维环境下规划师只能在头脑中想象规划后的地形，容易出现设计缺陷。下面介绍 ArcGIS 下进行三维竖向规划的方法，直接在现状地表面的基础上修改出规划地表面，使规划师直观地看到规划后的地形。并还可以一边分析一边调整，直至达到满意效果。

实践 7-4（GIS 高级）在现状地表面的基础上修改出规划地表面

	实践概要	表 7-4

实践目标	掌握在 ArcGIS 下进行三维竖向规划和地表面修改的方法
实践内容	认识【TIN 编辑】工具条 学习增加 TIN 线、删除 TIN 结点、删除 TIN 断线等 TIN 编辑工具 学习新建和编辑 3D 线要素类 学习【编辑折点】工具条中的工具，微调要素几何形状 学习【编辑 TIN】工具，更新 TIN
实践思路	问题解析：按照规划修改 TIN 地表面 关键技术：（1）逐个要素地编辑 TIN 中的结点、TIN 线，通过【TIN 编辑】工具条 　　　　　　　中提供的编辑工具实现 　　　　　　（2）批量地编辑 TIN，通过【编辑 TIN】工具更新 TIN 所需数据：现状地表面 TIN 技术路线：（1）勾出场地边界线，通过【TIN 编辑】工具条中的【添加 TIN 线】实现， 　　　　　　　场地外边界线用于规定地形改变的外边界 　　　　　　（2）清除场地边界线内的所有 TIN 结点、TIN 线，形成一个平整的场地 　　　　　　（3）根据竖向规划，绘制所有二维的标高控制线，然后逐折点调整标高控 　　　　　　　制线的折点标高至规划标高，形成三维标高控制线 　　　　　　（4）用规划的三维标高控制线通过【编辑 TIN】工具更新地形 　　　　　　（5）微调规划地表面
实践数据	随书数据【Chapter7\ 实践数据 7-4】

1．准备工作

■ 启动 ArcMap，新建一个空白地图。

■ 复制【原始地表面】成【规划地表面】。在【目录】面板中，右键点击 TIN 数据【Chapter7\ 实践数据 7-4\ 原始地表面】，在弹出菜单中选择【复制】，然后再右键点击目录【Chapter7\ 实践数据 7-4】，在弹出菜单中选择【粘贴】，重命名复制的数据为【规划地表面】。

■ 加载 TIN 数据【规划地表面】，并在【内容列表】面板中，点击该图层下的【硬边】前的符号，显示【符号选择器】对话框，将硬边和软边的【颜色】均改为灰色，宽度改为【1】，使其更清楚地显示。

2．启动 TIN 编辑

启动【TIN 编辑】工具条。在任意工具条上点右键，在弹出菜单中选择【TIN 编辑】，显示【TIN 编辑】工具条，如图 7-19 所示。

图 7-19 【TIN 编辑】工具条

■ 指定要编辑的 TIN 数据。在【3D Analyst】工具条的【图层】栏选择【规划地表面】，注意这步骤切不可少（如果该工具条没有显示，可以在任意工具条上点右键，在弹出菜单中勾选【3D Analyst】）。

■ 启动编辑【规划地表面】TIN。在【TIN 编辑】工具条中，点击【TIN 编辑】按钮，在弹出菜单中选择【开始编辑 TIN】，之后该工具条上的所有工具被激活。

3．清除场地内的地形

首先绘制场地外边界线，然后清除场地外边界线内的所有 TIN 要素。场地外边界线用于规定地形改变的外边界，例如边坡或挡土墙的外边界。场地外边界拥有原始地形的高程，在 TIN 模型中是硬断线类型。

■ 点击【TIN 编辑】工具条中的【添加 TIN 线】按钮，显示【添加 TIN 线】对话框，设置【线类型】为【硬断线】，设置【高度源】为【自表面】，如图 7-20 所示，意味着绘制的 TIN 硬断线将贴附在地表面上。

■ 按照如图 7-21 所示绘制场地外边界线。注意尽量一次完成，ArcGIS 在该功能中没有回退操作。

■ 点击【TIN 编辑】工具条中的【删除 TIN 结点】工具旁的下拉按钮，选择【按区域删除 TIN 结点】。然后沿着场地外边界线内部绘制一个多边形，多边形内部的所有 TIN 结点将被删除，删除后如图 7-22 所示。

■ 进一步删除边界线内的多余 TIN 结点。选择工具旁的下拉按钮，选择【删除 TIN

图 7-20 【添加 TIN 线】对话框

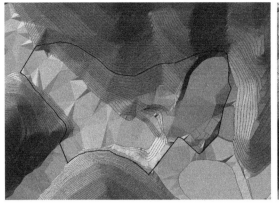
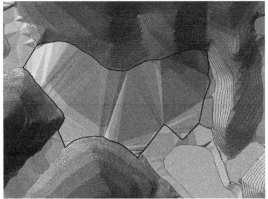

图 7-21　添加场地外边界线　　　　　图 7-22　删除外边界线内的所有 TIN 结点

结点】，逐点删除边界线内的多余 TIN 结点，删除过程中 TIN 会实时更新。

　　■ 在【TIN 编辑】工具条中，点击【TIN 编辑】按钮，在弹出菜单中选择【保存】随时保存编辑成果，或者选择【撤销自上次保存后的操作】回退。编辑完后选择【停止编辑 TIN】完成编辑。

4. 绘制规划的标高控制线

　　竖向规划一般用道路和边坡的控制点标高来控制地形，因此主要沿道路和边坡绘制规划的标高控制线。

　　■ 在随书数据【Chapter7\ 实践数据 7-4】目录下新建 Shapefile【标高控制线】，注意要在【创建新 Shapefile】对话框中勾选【坐标将包括 Z 值（Z）。用于存储 3D 数据】，如图 7-23 所示。

　　■ 编辑【标高控制线】要素类。按图 7-24 中所示绘制标高控制线。这些控制线主要是道路边线、坡脚线、坡顶线。可参考随书实践数据中的"标高

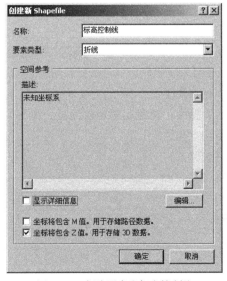
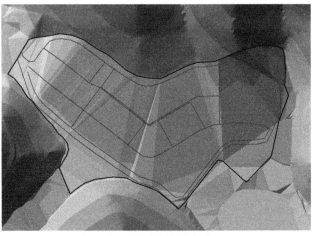

图 7-23　新建要素类标高控制线　　　　　图 7-24　绘制标高控制线

控制线 .dwg"（绘制过程中请尽量用最少的折点来绘制最长的线，例如直线的端点之间不要随意绘制折点，因为接下来要为每个折点输入高程，折点越多工作量越大）。

5. 设置每个标高控制线折点的规划标高

■ 启动编辑【标高控制线】。

■ 点击编辑工具 ▶，双击某条标高控制线，进入编辑折点状态，显示【编辑折点】工具条 ┊ ▶ ▣ ▷ ⌂ ▨ ┊。

■ 点击【草图属性】工具 ⋀，显示【编辑草图属性】对话框（图7-25），在该对话框中可以逐个折点地编辑其坐标和标高（Z）。

■ 参考图7-26所示标高逐个折点修改其Z值。

➢ 首先，点击【编辑折点】工具条中的 ▶，选择该标高控制线的关键控制点，【编辑草图属性】对话框中对应行会被勾选，修改其【Z】值。必要的情况下用 ▶ 选择折点后拖拉以移动折点的位置。

➢ 然后，补充录入剩余折点的标高。点击列表中任意行的【#】列，图形中对应的折点会闪烁，从而确定其位置，修改其【Z】值。

➢ 必要的情况下可以点击 ▷ 删除不必要的折点，或者点击 ⌂ 工具增加折点。如此就得到了一系列3D的标高控制线。

6. 用【标高控制线】更新规划地形

■ 启动工具【工具箱 \ 系统工具箱 \3D Analyst Tools\TIN 管理 \ 编辑TIN】，弹出【编辑TIN】对话框，设置如图7-27所示。

➢ 设置【输入TIN】为【规划地表面】。

➢ 设置【输入要素类】为【标高控制线】。

➢ 设置【标高控制线】的【height_field】为【SHAPE】，设置【SF_type】为【硬断线】，设置【use_z】为【true】，意味着用几何的Z值作为高程属性。点击【确定】，得到更新好的规划地形。

■ 在ArcScene下查看完成后的规划地表面，如图7-28所示。

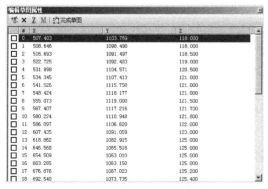

图 7-25　逐点编辑坐标和标高

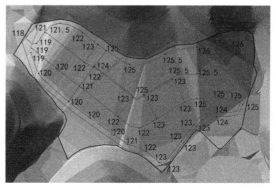

图 7-26　各折点的标高值

图 7-27 编辑规划地表面 TIN　　　　　　图 7-28　构建完成的规划地表面 TIN

7. 微调规划地形

■ 在【TIN 编辑】工具条中,点击【TIN 编辑】按钮,在弹出菜单中选择【开始编辑 TIN】。

■ 点击【TIN 编辑】工具条中的【调整结点 Z】工具　,选择要调整高程的 TIN 结点,上下拖动可以调整该结点的高程。编辑过程中 TIN 会实时更新。

■ 点击【TIN 编辑】工具条中的【移动 TIN 结点】工具　,选择要移动的 TIN 结点,挪动鼠标可以移动它的位置。

■ 在【TIN 编辑】工具条中,点击【TIN 编辑】按钮,在弹出菜单中选择【保存】随时保存编辑成果,或者选择【撤销自上次保存后的操作】回退。编辑完后选择【停止编辑 TIN】完成编辑。

实践 7-5（续前，规划分析）填挖方分析

现在有了规划地表面，我们就可以直接计算出填挖方，然后可以根据填挖平衡的要求进一步完善竖向规划。

实践概要　　　　　　　　　　　　　　　表 7-5

实践目标	掌握通过 ArcGIS 进行填挖方分析
实践内容	学习【表面差异】工具，求得两个 TIN 之间的差异
实践数据	随书数据【Chapter7\ 实践数据 7-5】

■ 启动 ArcMap，加载随书数据【Chapter7\ 实践数据 7-5\ 原始地表面】和【Chapter7\ 实践数据 7-5\ 规划地表面】。

■ 填挖方计算。启动工具【工具箱 \ 系统工具箱 \3D Analyst Tools\ Terrain 和 TIN 表面\表面差异】,弹出【表面差异】对话框,设置如图7-29所示。

➢ 设置【输入表面】为【规划地表面】。

➢ 设置【输入参考面】为【原始地表面】。

➢ 设置【输出要素类】为【Chapter7\ 实践数据 7-5\ 填挖方分析】,点【确定】,之后将生成一个多边形要素类【填挖方分析】。

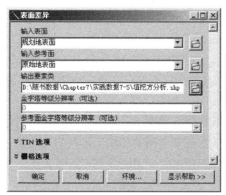

图7-29　【表面差异】对话框　　　　　　图7-30　填挖方分析属性表

■ 打开【填挖方分析】要素类的属性表（图7-30）。其中【Volume】字段代表每个多边形的填挖量，【Code】字段代表填或挖，其值为0代表没有填挖，1代表填，—1代表挖。

■ 对【填挖方分析】图层进行【唯一值类别】的符号化，【值字段】取【Code】。保持图层【规划地表面】打开，最终效果如图7-31所示（其中斜线代表填，方格代表挖）。

■ 打开【填挖分析】要素类的属性表，对【Code】字段作分类汇总。右键点击【Code】字段，在弹出菜单中选择【汇总...】，对【Volume】字段求总和，如图7-32所示。

打开汇总表，如图7-33所示。从表中可以看出填方有10万m³，挖方有近3万m³，场地内不可能填挖平衡，需要在其他区域取土，或者修改竖向规划。

此外，对于栅格地表面，ArcGIS也提供了填挖分析工具，工具位于【工具箱\系统工具箱\3D Analyst Tools\栅格表面\填挖方】。

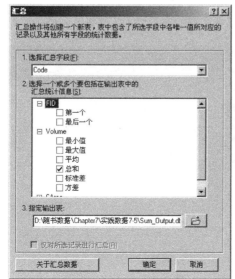

图7-32　汇总填挖分析

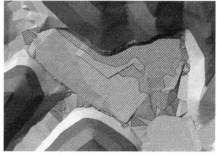

图7-31　填挖分析的效果图

图7-33　填挖方统计表

7.4 本章小结

本章介绍了基于 CAD 地形图构建 TIN 地表面和栅格地表面的方法，这是通过【创建 TIN】工具和【地形转栅格】工具实现的，读者需要掌握这些工具对 CAD 地形数据的要求。

由于在三维环境中开展规划具有更直观的效果和更大的信息量，因此本章介绍了快速构建带建筑、水面和道路的二维半场景的方法。它可以快速、大规模地拉升出立体建筑，可以将水面和道路浮动在地表面上，非常适合于大范围的场景模拟。

最后，本章介绍了修改地表面开展三维竖向规划并计算填挖方的方法。修改 TIN 主要是通过【TIN 编辑】工具条中的各类工具，以及【TIN 管理 \ 编辑 TIN】工具实现的。编辑好了规划地表面之后，就可以和现状地表面作【表面差异】分析，计算填挖范围和土方量。

基于这些方法，相信读者可以比较容易地构建出自己所需的三维地表面，支持规划设计和研究。

练习 7-1：根据地形 CAD 图创建 TIN 和栅格地表面

请打开随书光盘中的【Chapter7\ 练习数据 7-1】，练习根据 CAD 图【地形 .dwg】分别创建 TIN 和栅格地表面，并进行互转。

练习 7-2：编辑 TIN 地表面并作填挖方分析

实践 7-4 根据现有规划方案得到了规划地表面，但通过实践 7-5 的填挖方分析发现还需要大量填方。为此需要修改竖向规划，在现有竖向规划的基础上增加两个地下停车场和一条 3m 深水渠（图 7-34），参见实践数据中的"标高控制线 .dwg"。请对规划地表面进行 TIN 编辑，并再次计算填挖方。

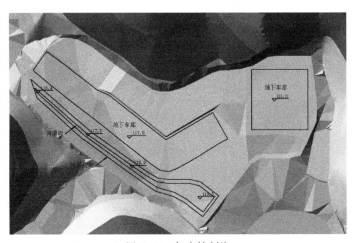

图 7-34　标高控制线

第8章 基于地形的空间分析——三维空间分析

上一章介绍了构建三维地表面的方法，有了三维地表面，就可以开展各类三维空间分析。

ArcGIS 提供了比较丰富的三维分析工具，从基础的坡度坡向分析、表面差异分析，到高级的通视分析、视域分析、天际线分析、阴影分析等。这些都为规划设计提供了有力的支持。

通过本章的学习，将掌握以下知识或技能：

■ 坡度、坡向分析；

■ 道路选线，剖面图提取，成本距离、成本路径求解；

■ 向栅格地表面中添加建筑；

■ 通视分析、视点分析、视域分析。

8.1 坡度、坡向分析

坡度、坡向是用地适宜性评价、生态敏感性评价、景观评价中经常要用到的因子，基于地表面可以直接求得。

实践 8-1（GIS 基础）地形的坡度、坡向分析

	实践概要	表 8-1
实践目标	根据 TIN 或 DEM 生成坡度、坡向图	
实践内容	学习针对 TIN 表面的【表面坡度】、【表面坡向】工具 学习针对栅格地表面的【坡度】、【坡向】工具	
实践数据	随书数据【Chapter8\ 实践数据 8-1】	

1. 对地形 TIN 进行坡度分析

■ 启动 ArcMap，加载 TIN 数据【随书数据 \Chapter8\ 实践数据 8-1\ 地形 tin】。

■ 启动工具【工具箱 \ 系统工具箱 \3D Analyst Tools\Terrain 和 TIN 表面 \ 表面坡度】，弹出【表面坡度】对话框，设置如图 8-1 所示。

➢ 设置【输入表面】为【地形 tin】。

➢ 设置【输出要素类】为【Chapter8\ 实践数据 8-1\ 表面坡度】。

➢ 设置【坡度单位】为【DEGREE】，即"度（°）"。另一个可选项为【PERCENT】，即"百分比"。

➢ 认可其他默认设置，点【确定】开始计算。计算结果是一个多边形要素类，其【SlopeCode】属性记录的是坡度的分级，具体分为 1~9 级，1 级对应 0°~10°，每级递升 10°。对它作基于【SlopeCode】的【唯一值类型】符号化后如图 8-2 所示。

另一种显示 TIN 数据坡度的方式是直接使用【具有分级色带的表面坡度】类型的符号化，参见第 3 章实践 3-5。该方式只适用于显示坡度，由于数据格式仍是 TIN，因而难以参与其他分析（例如叠加分析）。

2. 对地形 TIN 进行坡向分析

■ 启动工具【工具箱 \ 系统工具箱 \3D Analyst Tools\Terrain 和 TIN 表面 \ 表面坡向】，弹出【表面坡向】对话框，设置如图 8-3 所示。

➢ 设置【输入表面】为【地形 tin】。

➢ 设置【输出要素类】为【Chapter8\ 实践数据 8-1\ 表面坡向】。

➢ 设置【坡向字段】为【AspectCode】。

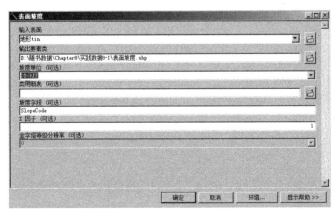

图 8-1 【表面坡度】对话框

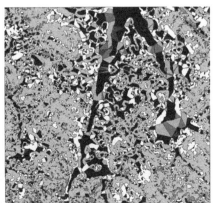

图 8-2 表面坡度分析结果

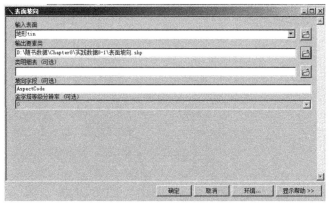

图 8-3 【表面坡向】对话框

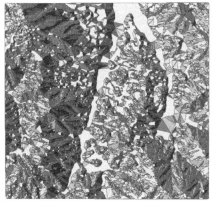

图 8-4 表面坡向分析结果

> 认可其他设置，点【确定】开始计算。计算结果是一个多边形要素类，其【AspectCode】属性记录的是坡向的分级，具体分为 −1、1、2~9 级，分别代表平面、北、东北、东、……、西、西北、北。对它作基于【AspectCode】的【唯一值类型】符号化后如图 8-4 所示。

另一种显示 TIN 数据坡向的方式是直接使用【具有分级色带的表面坡向】类型的符号化。该方式只适用于显示坡向，由于数据格式仍是 TIN，因而难以参与其他分析（例如叠加分析）。

3. 对地形 DEM 进行坡度分析

■ 启动 ArcMap，加载 TIN 数据【随书数据 \Chapter8\ 实践数据 8-1\dem】。

■ 启动工具【工具箱 \ 系统工具箱 \3D Analyst Tools\ 栅格表面 \ 坡度】，弹出【坡度】对话框，设置如图 8-5 所示。

> 设置【输入栅格】为【dem】。

> 设置【输出栅格】为【Chapter8\ 实践数据 8-1\dem 表面坡度】。

> 设置【输出测量单位】为【DEGREE】，即"度（°）"。另一个可选项为【PERCENT】，即"百分比"。

> 认可其他默认设置，点【确定】开始计算。计算结果如图 8-6 所示。

图 8-5 【坡度】对话框

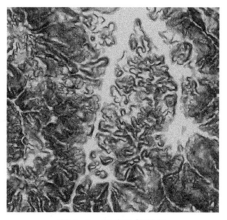

图 8-6 坡度分析结果

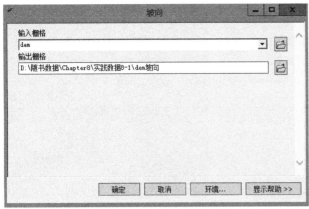

图 8-7 【坡向】对话框

图 8-8 坡向分析结果

4. 对地形 DEM 进行坡向分析

■ 启动工具【工具箱 \ 系统工具箱 \3D Analyst Tools\ 栅格表面 \ 坡向】，弹出【坡向】对话框，设置如图 8-7 所示。

➢ 设置【输入栅格】为【dem】。

➢ 设置【输出栅格】为【Chapter8\ 实践数据 8-1\dem 坡向】。

➢ 认可其他设置，点【确定】开始计算。计算结果为 -1、0~360，代表平面及 9 个方向，分别为北、东北、东等，如图 8-8 所示。

8.2 道路选线

山地地形的道路选线是一件十分复杂的过程，绘制选线的纵断面地面线是分析选线方案的前提，但这是一件十分耗时的工作。但在拥有三维地表面的情况下，利用 ArcGIS 可以迅速得到选线的纵断面地面线，极大地便利了选线分析。

另外，基于 ArcGIS【Spatial Analyst Tools】中的【成本路径】工具，可以让计算机自动地在山地地形中找到通行成本最低的路径，作为选线参考。

实践 8-2（规划分析）道路选线比较分析

实践概要   表 8-2

实践目标	根据地形快速计算出道路选线的纵断面图，来分析道路选线方案
实践内容	学习【插值 Shape】工具，根据地形 TIN 将二维线转换成三维线 学习【3D Analyst】工具栏中的【剖面图】工具
实践数据	随书数据【Chapter8\ 实践数据 8-2 至 8-3】

■ 启动 ArcMap，加载 TIN 数据【随书数据 \Chapter8\ 实践数据 8-2 至 8-3\ 地形 tin】和相同目录下的【旅游道路 .shp】。

■ 生成贴合地形的三维旅游道路。启动【工具箱 \ 系统工具箱 \3D Analyst Tools\ 功能性表面 \ 插值 Shape】，弹出对话框，设置如图 8-9 所示。

图 8-9 【插值 Shape】对话框

图 8-10 旅游道路

该工具将根据地表面起伏，将输入要素变成紧贴地表面的三维要素。

➤ 设置【输入表面】为【地形 tin】。

➤ 设置【输入要素类】为【旅游道路】。

➤ 设置【输出要素类】为【随书数据 \Chapter8\ 实践数据 8-2 至 8-3\3D 旅游道路】，点【确定】开始计算。

■ 通过符号化区分两条旅游道路。在【内容列表】面板中右键点击【3D 旅游道路】，选择【属性】，浏览到【符号系统 \ 类别 \ 唯一值】，点击【添加所有值】，将一条线颜色改为蓝色，宽度改为【3】，另一条线颜色改为红色，宽度改为【3】，点击确定，结果如图 8-10 所示。

■ 生成两条旅游道路的纵断面图。点击【选择元素】工具，同时选中两条道路中心线（按住 Ctrl 键不放，可以允许选择多个要素）。点击【3D Analyst】工具栏中的【创建剖面图】工具，显示【剖面图标题】对话框，如图 8-11 所示。图中 X 轴代表长度，Y 轴代表高程。从图中，可以非常明显地看到两个方案的坡度差异。

■ 查看道路纵断面数据。右键点击【剖面图标题】对话框中的空白区域，在弹出菜单中选择【高级属性 ...】，点击左侧列表中的【Data】项，右侧表格中显示了道路纵断面数据，如图 8-12 所示。

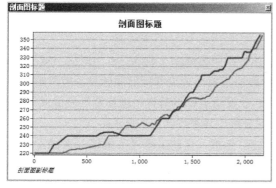

图 8-11 道路剖面图

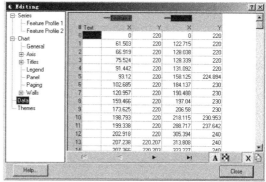

图 8-12 查看剖面图的数据

实践 8-3（续前，高级规划分析）ArcGIS 自动选线

ArcGIS【Spatial Analyst Tools】中的【成本路径】工具，可以自动地在成本栅格（其像元值为通过每个栅格所需成本，成本可以为时间、难度等）中找到两地之间累计通行成本最低的路径。本实践将利用该工具求得旅游道路起讫点之间累计通行成本最低的路径。这里的成本采用通行难度，通行难度取决于地形坡度和地形起伏度。

	实践概要 表 8-3	
实践目标	让 ArcGIS 根据地形自动寻找两地点之间的最优路径	
实践内容	学习设置分析环境 复习构建栅格坡度图 学习栅格邻域分析中的【焦点统计】工具，对每一个栅格点求解 10m 半径内的高程起伏幅度，得到地形起伏度 复习栅格【重分类】和【加权总和】 学习栅格距离分析中的【成本距离】、【成本路径】工具，求得成本最小的路径 学习【栅格转折线】工具，将求得的栅格路径转换成矢量路径	
实践思路	问题解析：让计算机自动地在通行成本栅格中找到旅游道路起讫点之间累计通行成本最低的路径 关键技术：(1) 构建通行成本，综合地形坡度和起伏度对通行难易造成的影响 (2) 求解累计通行成本最低的路径，利用【Spatial Analyst Tools】中的【成本路径】工具得到 所需数据：栅格地表面 拟规划道路的起讫点 技术路线：(1) 求得坡度栅格和起伏度栅格，并对它们进行分级 (2) 加权叠加分级后的坡度和起伏度，得到成本栅格 (3) 利用【成本路径】工具求得最优路径，它要求先求得【成本距离】	
实践数据	续前，随书数据【Chapter8\ 实践数据 8-2 至 8-3】	

1. 设置分析环境

■ 加载栅格地形数据【随书数据 \Chapter8\ 实践数据 8-2 至 8-3\dem】。它代表的地表面与上一实践中的【地形 tin】完全相同，只是格式不同。

■ 设置环境和工作空间。在菜单面板中启动【地理处理 \ 环境设置】对话框，展开【处理范围】，设置【范围】栏为【与图层 dem 相同】，点击【确定】。这保证了后续所有分析的范围与【成本】相同。

2. 生成成本栅格

成本栅格代表着通过每个栅格像元所需成本，成本可以为时间、难度等。本实践用通行难度作为成本，它取决于地形坡度和地形起伏度，坡度越大通行越难，起伏度越大通行越难。起伏度用 10m 半径内的地形高程差值来代表，利用【Spatial Analyst Tools\ 邻域分析 \ 焦点统计】工具求得。

■ 对 DEM 栅格地表面进行坡度分析。启动工具【工具箱 \ 系统工具箱 \3D Analyst Tools\ 栅格表面 \ 坡度】，弹出【坡度】对话框，设置如图 8-13 所示。

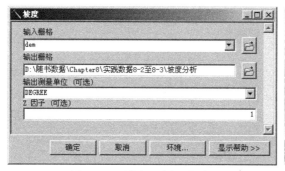

图 8-13 【坡度】分析对话框

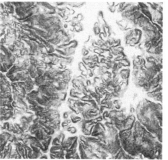

图 8-14 坡度分析结果

> 设置【输入栅格】为【dem】。

> 设置【输出栅格】为【随书数据\Chapter8\实践数据8-2至8-3\坡度分析】。

> 设置【输出测量单位】为【DEGREE】,即"度(°)"。

> 认可其他默认设置,点【确定】开始计算,结果如图8-14所示。

■ 对DEM进行起伏度分析。启动【工具箱\系统工具箱\Spatial Analyst Tools\邻域分析\焦点统计】,弹出【焦点统计】对话框,设置如图8-15所示。

> 设置【输入栅格】为【dem】。

> 设置【输出栅格】为【随书数据\Chapter8\实践数据8-2至8-3\起伏分析】。

> 设置【邻域分析】为【圆形】,【半径】设为【10】,单位选择【地图】,【统计类型】为【RANGE】,意味着求解每个栅格像元10m半径内的栅格值变化范围,并把该值赋予该栅格像元。

> 认可其他默认设置,点【确定】开始计算。结果如图8-16所示。

■ 对【坡度分析】和【起伏分析】重分类为10级。启动【工具箱\系统工具箱\3D Analyst\栅格重分类\重分类】,弹出【重分类】对话框,设置如

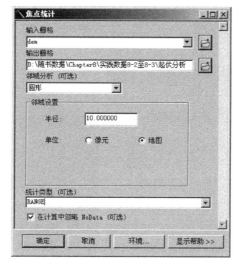

图 8-15 【焦点统计】对话框

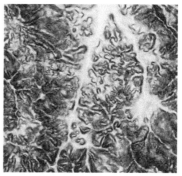

图 8-16 起伏分析结果

161

图 8-17 栅格【重分类】对话框

图 8-17 所示。

> 设置【输入栅格】为【坡度分析】。

> 点击【分类】，选择【相等间隔】，设置【类别】为【10】，点击确定。

> 设置【输出栅格】为【随书数据\Chapter8\实践数据 8-2 至 8-3\分级坡度】，点击【确定】。

> 按照以上步骤，同样地对栅格【起伏分析】进行栅格重分类，得到栅格【分级起伏】。

■ 对【分级坡度】和【分级起伏】进行叠加，得到成本栅格。启动工具【工具箱 \ 系统工具箱 \Spatial Analyst\ 叠加分析 \ 加权总和】，弹出【加权总和】对话框，设置如图 8-18 所示。

> 设置【输入栅格】为【分级坡度】以及【分级起伏】。

> 设置【分级坡度】权重为【0.6】，设置【分级起伏】权重为【0.4】。

> 设置【输出栅格】为【随书数据 \Chapter8\ 实践数据 8-2 至 8-3\ 成本】。

> 认可其他默认设置，点击【确定】开始加权叠加，结果如图 8-19 所示。

图 8-18 栅格【加权总和】对话框

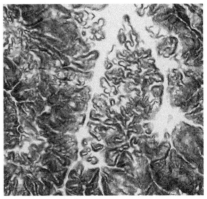

图 8-19 成本栅格

3. 求解最优路径

要求解成本路径，首先要求得各地至终点的成本距离和回溯链接栅格，成本距离是每一个像元到距它最近的源的最小累计成本距离，而回溯链接栅格则记录了每个像元是如何到达最近源的。有了这两个栅格，就可以求得起点到源（即终点）的最小成本路径。

■ 求解离山峰景点的成本距离。加载数据【随书数据 \Chapter8\ 实践数据 8-2 至 8-3\起讫点】，通过 选择位于山峰的点（即中部偏下的点，另一个点位于谷底），进行距离成本分析。启动工具【工具箱 \ 系统工具箱 \Spatial Analyst Tools\ 距离分析 \ 成本距离】，弹出【成本距离】对话框，设置如图 8-20 所示。

> 设置【输入栅格数据或要素源数据】为【起讫点】（注：由于之前选择了【起讫点】要素类中位于山峰的点，所以之后仅会对要素类中选中的要素开展分析）。

> 设置【输入成本栅格数据】为【成本】。

> 设置【输出距离栅格数据】为【随书数据 \Chapter8\ 实践数据 8-2 至 8-3\ 距离栅格】。

> 设置【输出回溯链接栅格数据】为【随书数据 \Chapter8\ 实践数据 8-2 至 8-3\ 回溯链接栅格】。

> 点击【确定】后，计算得到距离栅格，如图 8-21 所示，每个栅格的值为该位置到山峰景点的最小成本距离的值。

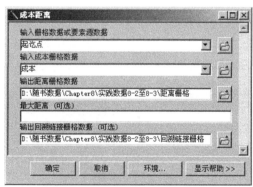

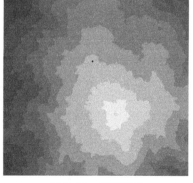

图 8-20 【成本距离】对话框　　　　图 8-21 距离栅格

■ 求解从谷底起点到山峰的成本路径。通过 选择位于谷底的起点，进行成本路径求解，启动工具【工具箱 \ 系统工具箱 \Spatial Analyst Tools\ 距离分析 \ 成本路径】，弹出【成本路径】对话框，设置如图 8-22 所示。

> 设置【输入栅格数据或要素目标数据】为【起讫点】。

> 设置【输入成本距离栅格数据】为【成本】。

> 设置【输入成本回溯链接栅格数据】为【回溯链接栅格】。

> 设置【输出栅格】为【随书数据 \Chapter8\ 实践数据 8-2 至 8-3\ 成本路径】。

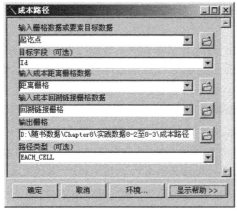

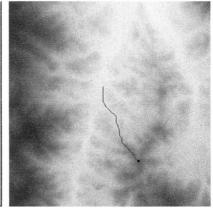

图 8-22　【成本路径】对话框　　　　　图 8-23　最佳路线

> 点击【确定】,进行成本路径计算,点击【确定】,关闭其他图层,打开【成本路径】和【dem】图层,可看到【成本路径】是一条路线,如图 8-23 所示。

■ 将【成本路径】栅格转换成矢量线。为了便于显示和符号化,启动工具【工具箱 \ 系统工具箱 \Conversion Tools\ 由栅格转出 \ 栅格转折线】,弹出【栅格转折线】对话框,按照图 8-24 所示进行设置,得到矢量路径。

■ 加载【随书数据 \Chapter8\ 实践数据 8-2 至 8-3】中的【地形 tin】和【旅游道路 .shp】,比较一下三条路径,中间黑色实线为本实践自动求解的路径,另两条虚线为规划师手工选择的两条线,如图 8-25 所示。

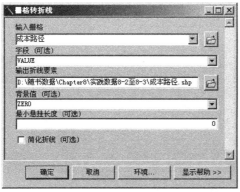

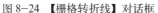

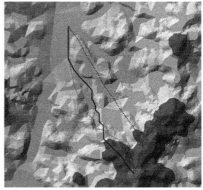

图 8-24　【栅格转折线】对话框　　　　图 8-25　道路选线比较

可以看到,GIS 求取的最佳路线大多沿平缓的地块蜿蜒而上,避开了陡峭的山脊,为道路选线提供了一条很好的参考路径。

8.3　景观视域分析

景观视域分析是景观规划的重要内容。利用 ArcGIS 的景观视域分析功能,规划师可以分析观景点的视域范围,以及景点的可视情况。这对于分析景点可视效果，确定重要景点和景观面具有重要作用。

ArcGIS 提供的视域、视线分析功能主要在【3D Analyst】扩展模块，视域分析工具包括【视点分析】、【视域】等，视线分析工具包括【天际线】、【天际线图】、【构建视线】等。本节主要介绍视域分析工具，它们主要基于栅格地表面来开展分析。但二维半建筑、多面体等凡是没有融入栅格地表面的地物都不会参与计算，所以对于分析范围内存在建筑的视域分析，第一步工作是构建带建筑的栅格地表面。

实践 8-4（GIS 高级）构建带建筑的栅格地表面及视线分析

实践概要		表 8-4

实践目标	将视域分析范围内的建筑变成栅格地表面的一部分，并进行简单视线分析
实践内容	学习【要素转点】工具，将建筑轮廓线转换成点 学习【添加表面信息】工具，为点要素增加高程信息 复习【表连接】功能，将带高程属性的点连接到建筑轮廓线 复习【字段计算器】，计算建筑屋顶标高 复习【面转栅格】工具，将建筑轮廓线转换成栅格 学习栅格计算中的【为空】和【条件】计算，用栅格建筑更新栅格地表面 复习栅格计算器，组合使用 Con 和 IsNull 函数叠加建筑和栅格地表面 复习 ArcScene 中查看栅格地表面 学习【3D Analyst】工具条上的【创建通视线】工具，进行简单视线分析
实践思路	问题解析：用代表建筑屋顶高程的栅格更新栅格地表面 关键技术：构建代表建筑屋顶高程的栅格 　　　　　建筑栅格和地表面的叠加 所需数据：栅格地表面 　　　　　建筑轮廓线，建筑屋顶标高，如果没有则需要建筑层数 构建代表建筑屋顶高程的栅格的技术路线： （1）求建筑基底高程。用建筑中心的点代表建筑，从栅格地表面获取这些点的高程，最后把点的高程信息通过【表连接】反馈回建筑轮廓线要素 （2）计算屋顶高程。等于建筑基底高程 + 层数 × 层高 （3）根据建筑屋顶高程，将建筑轮廓线转换成栅格 建筑栅格和地表面叠加的技术路线： 由于要素转栅格后，没有要素的栅格位置会是【NoData】值，该值和任何栅格叠加后的结果都是【NoData】，因此需要采用特殊的叠加方式 （1）使用栅格计算中的【为空】工具，生成是否是建筑区域的判断栅格，如果建筑栅格为【NoData】，判断栅格会是 1，否则会是 0 （2）使用栅格计算中的【条件】工具，判断是否是建筑区域(判断栅格的值为0)，若是则输出栅格值取【栅格建筑】的值，否则取【栅格地表面】的值 亦直接采用栅格代数中的 Con 函数和 IsNull 函数，直接叠加建筑和栅格地表面
实践数据	随书数据【Chapter8\ 实践数据 8-4】

1. 计算建筑屋顶的标高

建筑轮廓线要素中一般不会标注建筑的屋顶标高，因此只能根据基底标高和建筑层数粗略估算屋顶标高：

$$屋顶标高 = 基底标高 + 层数 \times 3$$

基底标高可以从地形图上读取，然后逐栋建筑录入，但这个工作量相对较大。更为高效的办法是生成地表面，然后从地表面中提取建筑基底区域的平均

图 8-26 【要素转点】对话框

图 8-27 建筑内部点要素类的属性表

高程，具体操作如下：

■ 启动 ArcMap，加载数据【随书数据 \Chapter8\ 实践数据 8-4\ 建筑】以及同目录下的【栅格地表面】。其中，【建筑】要素类已拥有【层数】属性，【栅格地表面】是 DEM 栅格地表面数据，其像元大小为 1m×1m。

■ 求建筑内部的点。启动【工具箱 \ 系统工具箱 \Data Management Tools\ 要素 \ 要素转点】，弹出【要素转点】对话框，设置如图 8-26 所示。其中，勾选【内部（可选）】，可保证新生成的点一定在多边形内部。

打开生成的【建筑内部点】要素类的属性表（图 8-27），【建筑】的所有属性都会被继承过来，其中【ORIG_FID】是【建筑】要素类的【FID】。

■ 为建筑内部点增加高程属性。启动工具【工具箱 \ 系统工具箱 \3D Analyst Tools\ 功能性表面 \ 添加表面信息】，弹出【添加表面信息】对话框，设置如图 8-28 所示。这将根据【栅格地表面】为【建筑内部点】添加高程 "Z" 属性，它将作为建筑的基底标高。

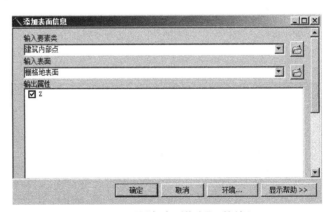

图 8-28 【添加表面信息】对话框

➢ 设置【输入要素类】为【建筑内部点】。
➢ 设置【输入表面】为【栅格地表面】。
➢ 设置【输出属性】为【Z】，它将保存点所在位置的高程的值。
➢ 点击【确定】，开始计算。

■ 将建筑内部点的高程赋回到建筑。右键点击【建筑】图层，在弹出菜单中选择【连接和关联】→【连接 ...】，显示【连接数据】对话框，设置如图 8-29 所示，它将根据【建筑】的【FID】和【建筑内部点】的【ORIG_FID】连接两个表。

■ 求得建筑屋顶标高。打开【建筑】的属性表，新建双精度字段【屋顶标高】，然后利用【字段计算器】计算【屋顶标高】字段，让其等于【[Z]＋[层数]×3】。完成后解除连接。

2. 用建筑栅格更新栅格地表面

■ 设置环境和工作空间。在菜单面板中启动【地理处理\环境设置】对话框，展开【处理范围】，设置【范围】栏为【与图层 栅格地表面 相同】，点击【确定】。这保证了【栅格建筑】的范围与【栅格地表面】相同。

■ 启动【工具箱\系统工具箱\Conversion Tools\转为栅格\面转栅格】，弹出【面转栅格】对话框，设置如图8-30所示。

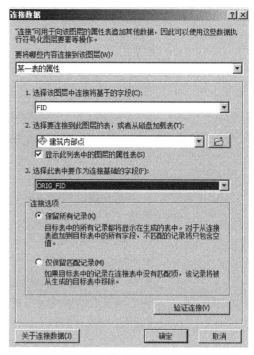

图 8-29　连接建筑和建筑内部点

➤ 设置【输入要素】为【建筑】。

➤ 设置【值字段】为【屋顶标高】。

➤ 设置【输出栅格数据集】为【随书数据\Chapter8\实践数据8-4\栅格建筑】。

➤ 设置【像元大小】为【1】，保持与【栅格地表面】的单元大小相同。

转换后如图8-31所示，特别要注意的是【栅格建筑】中的非建筑区域，其栅格值是【NoData】，显示为透明。

■ 判断是否是建筑区域。启动工具【工具箱\系统工具箱\Spatial Analyst Tools\数学\逻辑\为空】，弹出【为空】对话框，设置如图8-32所示。

➤ 设置【输入栅格】为【栅格建筑】。

➤ 设置【输出栅格】为【随书数据\Chapter8\实践数据8-4\建筑是否为空】。

图 8-30　建筑要素类转栅格对话框

图 8-31　建筑要素类转为栅格结果

图 8-32 【为空】计算对话框   图 8-33 栅格建筑为空计算结果

新生成的栅格【建筑是否为空】如图 8-33 所示，其中为空（NoData）的非建筑区域的栅格值为【1】，不为空的建筑区域的栅格值为【0】。

■ 更新【栅格地表面】。启动工具【工具箱 \ 系统工具箱 \ Spatial Analyst Tools\ 条件分析 \ 条件函数】，弹出【条件函数】对话框，设置如图 8-34 所示。其含义为，如果【建筑是否为空】栅格的值为 true（即不等于 0），则让输出栅格的值为【栅格地表面】，如果为 false（即等于 0），则输出栅格的值为【栅格建筑】。

➢ 设置【输入条件栅格数据】为【建筑是否为空】。

➢ 设置【输入条件为 true 时所取的栅格数据或常量值】为【栅格地表面】。

➢ 设置【输入条件为 false 时所取的栅格数据或常量值】为【栅格建筑】。

➢ 设置【输出栅格】为【随书数据 \Chapter8\ 实践数据 8-4 \ 带建筑地表面】。

➢ 点击【确定】，开始计算，结果如图 8-35 所示。

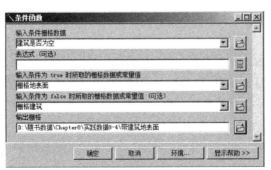
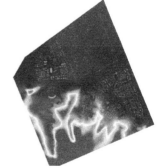

图 8-34 【条件函数】对话框   图 8-35 带建筑栅格地表面

下面换一种方法，通过【地图计算器】只用一个步骤来完成建筑栅格更新栅格地表面的操作。具体使用【地图计算器】的 IsNull 函数（用来判断是否是建筑区域）和 Con 函数（用于建筑栅格和栅格地表面的条件叠加）。

■ 启动工具【工具箱 \ 系统工具箱 \ Spatial Analyst Tools\ 地图代数 \ 栅格计算器】，设置如图 8-36 所示：表达式中的 IsNull 函数用于判断【栅格建筑】中的栅格值是否为 NoData，Con 函数用于建筑栅格和栅格地表面的条件叠加，如果建筑栅格的栅格值为 NoData，则输出【栅格地表面】的值，否则输出【栅格建筑】的值。

图 8-36 【栅格计算器】对话框

3. 栅格地表面的三维查看

■ 启动 ArcScene。

■ 加载上一步生成的栅格地表面【带建筑地表面】，并打开【图层属性】对话框进行如下设置：

> 切换到【基本高度】选项卡，选择【在自定义表面上浮动】，点击按钮【栅格分辨率】，设置【像元大小 X】和【像元大小 Y】均为 1，保持与原地表面相同，如图 8-37 所示。

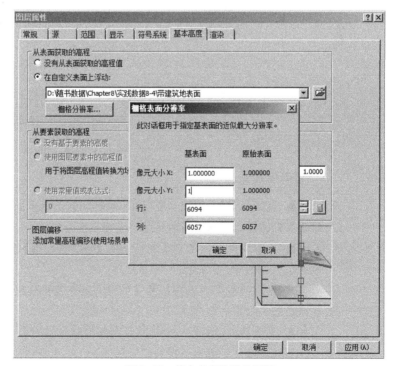

图 8-37 基本高度设置对话框

图 8-38　符号系统对话框

> 切换到【符号系统】选项卡,【显示】栏中选择【已分类】,【类别】栏选择【1】,更改符号颜色为绿色,如图 8-38 所示。
> 切换到【渲染】选项卡,在【效果】栏中勾选【相对于场景的光照位置为面要素创建阴影】和【使用平滑阴影】,并将【栅格影像的质量增强】滑条拉到最高。
> 点【确定】。最后的效果如图 8-39 所示。

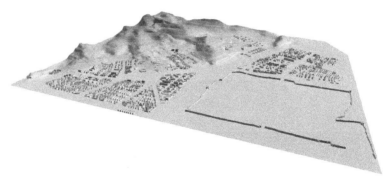

图 8-39　带建筑栅格地表面的三维效果

4. 简单视线分析

■ 返回 ArcMap 界面,在【3D Analyst】工具条的【图层】栏选择【栅格地表面】图层,意味着将对该图层进行三维分析。

■ 在【3D Analyst】工具条上,点击【创建通视线】工具,显示【通视分析】对话框,如图 8-40 所示。

■ 设置【观察点偏移】为【1.5】,意味着将观察点从地表面抬高 1.5m,这是成年人眼睛的高度。

■ 从城墙内边缘拉一条视线至南部山脉,如图 8-41 所示。

系统将实时计算出该视线的可视情况,图中视线的浅色部分是可以看到的地表面,而深色部分是不可见地表面。

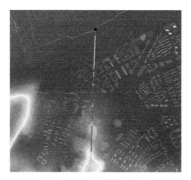

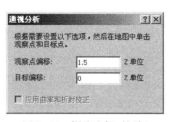

图 8-40　视线分析对话框　　　　图 8-41　绘制通视线

实践 8-5（规划分析）观景点视域分析

景观设计时，需要分析不同观景点分别可以看到哪些景致，从而找出最佳的观景点，以及重要的视线区域。ArcGIS 提供的【试点分析】工具可以方便地完成这一分析。

实践概要　　　　　　　　　　　　　　　　　　表 8-5

实践目标	根据栅格地表面，分析若干观景点各自的视域范围
实践内容	学习观察点三维空间位置的设置方法 学习【视点分析】工具，完成观景点的视域分析
实践思路	问题解析：求若干观景点的视域范围 关键技术：模拟观景点的位置 　　　　　通过工具求观景点视域 所需数据：观景点平面位置，以及视点高度 　　　　　栅格地表面 技术路线：(1) 设置观景点视点离地高度，从而最终确定观景点的三维位置 　　　　　(2) 通过【视点分析】工具求观景点视域
实践数据	同前，即随书数据【Chapter8\实践数据 8-5】

1. 设置观察点高度位置参数

■　启动 ArcMap，加载栅格【Chapter8\实践数据 8-5\带建筑地表面】和 Shapefile【Chapter8\实践数据 8-5\重要视点】，【带建筑地表面】是实践 8-4 中生成的栅格文件，【重要视点】是点状要素类，代表视点位置。

■　设置人眼离地之间的高差。打开【重要视点】的属性表。

➢　添加代表人眼位置的双精度类型字段【OFFSETA】，【OFFSETA】字段用于指定观察点和地面高程之间的高差（例如人眼和地面的高差，人在楼房上和地面的高差等）。

➢　利用字段计算器，将【观察点】表所有行的【OFFSETA】字段设为【1.5】，代表人眼的高度为离地 1.5m。设置好的观察点参数如图 8-42 所示。

图 8-42　编辑观察点要素类属性表

ArcGIS
功能说明

⚓ ArcGIS视线、视域分析中设置观察点空间位置的基本参数

ArcGIS视线分析工具主要通过观察点要素中的属性值来获取视线参数，这些属性的字段名是固定的，除了OFFSETA，还有OFFSETB（被观察点高差，例如地表存在森林的情况）、SPOT（观察点的地面高程）、AZIMUTH1、AZIMUTH2（水平视角起、止角度）、RADIUS1、RADIUS2（视距起、止距离）、VERT1、VERT2（垂直视角起、止角度）。

这些参数并不是必备的，如果全部缺省，则代表观察点位于地表面上，水平和垂直视角、视距均没有限制，即可以环视。

这些参数设置对于下一节的视域分析工具同样有效。

⚓ ArcGIS观察点工具最多只能同时分析16个观察点。

2. 观察点分析

■ 单观察点分析。通过 ⬛▾ 选择一个视点，启动【工具箱＼系统工具箱＼3D Analyst Tools＼栅格表面＼视点分析】，弹出【视点分析】对话框，设置如图 8-43 所示。点【确定】开始计算。计算结果如图 8-44 所示，这是 1 个观察点的视点分析图，其中深色为可视区域，浅色为不可视区域。

■ 多观察点分析。点击按钮 ⬛ 清除选择，按照上述设置再次进行视点分析，则是对 3 个点进行视点分析，计算结果如图 8-45 所示。

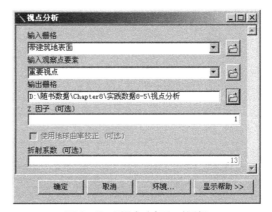

图 8-43 【视点分析】对话框

图 8-44 观察点 1 的视点分析结果图　　图 8-45 三个观察点的视点分析结果

打开刚生成的【视点分析】栅格的属性表（图8-46）。其中，【OBS1】、
【OBS2】、【OBS3】字段分别对应3个视点的视域，其值为【1】代表栅格点可视，
【0】代表不可视，例如【value】值为7的区域，其【OBS1】、【OBS2】、【OBS3】
字段均为1，因此可以被0、1、2号观察点同时看到（注意：【OBS1】、【OBS2】、
【OBS3】编号是根据【观察点】要素的编号顺序来的）。

为了查看单一观察点的视域范围，可以对【观察点分析】图层进行【唯一值】
符号化，如图8-47所示。在【值字段】栏选择对应的观察点字段。分别选择
【OBS1】、【OBS2】、【OBS3】进行唯一值符号化，得到3个观察点的视域范围，
如图8-48、图8-49、图8-50所示，图中深色为可视区域。

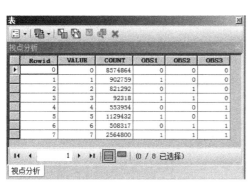

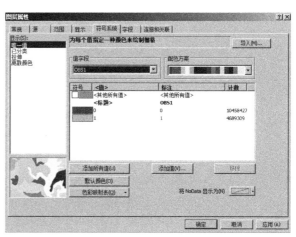

图8-46 视点分析的属性表 　　　　　 图8-47 观察点视点分析结果的符号化

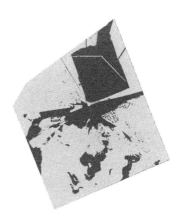

图8-48 1号观察点的视域 　　图8-49 2号观察点的视域 　　图8-50 3号观察点的视域

实践8-6（规划分析）观景点综合视域分析

本实践将在上一实践的基础上，增加重要建筑以及山顶上的观察点，对整
个区域进行综合视域分析，找到研究范围内各区域被看到的频率，从而找到重
要的景观面和相对隐蔽的区域。

实践概要 表 8-6

实践目标	针对所有观景点，求得研究区域各个位置的可见频率，从而找到重要的景观面和相对隐蔽的区域
实践内容	复习观察点三维空间位置的设置方法 学习【视域】工具，求得研究区域各个位置的可见频率
实践思路	问题解析：针对所有观景点，求得研究区域各个位置的可见频率 关键技术：模拟观景点的位置 　　　　　通过工具求综合视域 所需数据：观景点平面位置，以及视点高度 　　　　　栅格地表面 技术路线：(1) 设置观景点视点离地高度，从而最终确定观景点的三维位置 　　　　　(2) 通过【视域】工具求研究区域各个位置的可见频率
实践数据	随书数据【Chapter8\ 实践数据 8-6】

■ 启动 ArcMap，加载栅格【Chapter8\ 实践数据 8-6\ 带建筑地表面】和 Shapefile【Chapter8\ 实践数据 8-6\ 综合视点】，【综合视点】是点状要素类，代表一系列重要的观景视点。

■ 设置【综合视点】高度位置参数。添加双精度类型的【OFFSETA】字段，并设置其值为【1.5】，它代表观察点离地高度。

■ 综合视域分析。启动工具【工具箱 \ 系统工具箱 \3D Analyst Tools\ 栅格表面 \ 视域】，弹出【视域】对话框，设置如图 8-51 所示。

　➢ 设置【输入栅格】为【带建筑地表面】。

　➢ 设置【输入观察点或观察折线要素】为【综合视点】。

　➢ 设置【输出栅格】为【随书数据 \Chapter8\ 实践数据 8-6\ 综合视域分析】，点【确定】开始计算，计算结果如图 8-52 所示。其中，深色代表不可见的区域，浅色代表可见区域。

■ 计算结果分析。对计算结果【综合视域分析】图层作基于【VALUE】字段的【唯一值】符号化，设置如图 8-53 所示，其中的符号是通过点击【添加所有值】按钮自动添加的，【VALUE】值是栅格点被看到的视点数目，例如值为【2】的栅格点代表它能被 2 个视点看到。然后把【0】值对应的符号修改

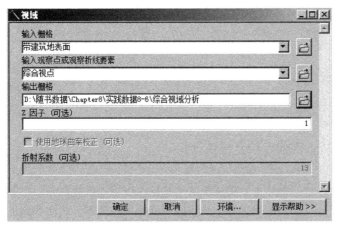

图 8-51 观景面视域分析对话框

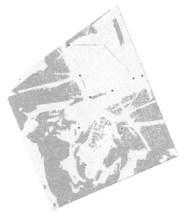

图 8-52 综合视域分析结果

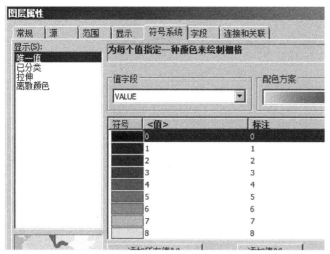

图 8-53 综合视域图层属性表　　　图 8-54 综合视域分析最终结果

成黑色，代表不可视。图面最终效果如图 8-54 所示，其中，颜色越深代表该区域越不容易被看见，通过观察可以看出，山体的部分山坡比较容易被看见，需要作重点景观处理；而有些山坡面则不容易被看见，可以将一些旅游休闲设施藏在其中；不少建筑的屋顶会被频繁看到，需要对这些第三立面进行修饰处理；另外，可以清楚地看到，存在几条重要的视廊，这些都需要作景观处理。

8.4　本章小结

本章介绍了规划中常用的三种三维空间分析。

坡度、坡向分析是用地适宜性评价、生态敏感性评价等分析中常用的前置分析，可以基于地表面直接得到。

道路选线分析主要通过比对道路选线的纵断面地面线，这可以通过【插值 Shape】工具将二维的道路选线变成贴附在地表面上的 3D 线，进而得到其纵断面图。另外，ArcGIS 可以根据地形自动寻找两地点之间的最优路径，这是基于【成本路径】工具得到的，它可以自动地在成本栅格（其像元值为通过每个栅格所需成本，成本可以为时间、难度等）中找到两地之间累计通行成本最低的路径。

景观视域分析是景观规划的重要内容。本章介绍了最为常见的观景点视域分析和综合视域分析。如果分析区域存在建筑，则需要把建筑也添加到地表面中去，本章也详细介绍了这一方法。

练习 8-1：道路选线

随书数据【Chapter8\ 练习数据 8-1 至 8-2\】提供了某景区的【地形 tin】，以及拟规划景观步道的【起讫点】（图 8-55），请根据地形图手工为该景观步道选线，并获取选线的纵断面图以分析选线的坡度。

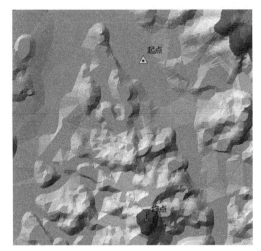

图 8-55　景观步道选线

练习 8-2：道路选线

同样针对随书数据【Chapter8\ 练习数据 8-1 至 8-2\】提供的景区【地形 tin】，以及拟规划景观步道的【起讫点】，请通过【Spatial Analyst Tools】工具箱中的【成本距离】工具，让计算机求得起讫点之间通行成本最低的路线。

练习 8-3：观景点视域分析

随书数据【Chapter8\ 练习数据 8-3 至 8-4\】提供了某景区【地形 tin】，以及拟建设的观景塔的位置。请分析站在观景塔顶层的视域范围，观景塔顶层将有 30m 高。

提示：可利用【3D Analyst Tools】工具箱中的【视点分析】工具求解，并将观察点的【OFFSETA】属性设为人站在观景塔顶层时人眼的高度。

练习 8-4：观景线路视域分析

随书数据【Chapter8\ 练习数据 8-3 至 8-4\】提供了某景区【地形 tin】，以及一条【现状道路】，请分析游客沿现状道路通过景区时沿线的视域范围、各个区域的可见频率，从而找到重要的景观面和相对隐蔽的区域。

提示：可利用【3D Analyst Tools】工具箱中的【视域】工具求解，并通过道路沿线间隔均匀的一系列点来模拟沿道路通行时的移动观景。

第9章 构建城市交通网络——构建网络模型

　　城市交通网络是城市的骨架，对于城市用地和设施的布局影响重大。当我们开展设施服务区分析、设施优化布局、用地的交通便捷性分析、城市空间相互作用等城市分析研究时，交通都是重要的、甚至是决定性的影响因素。

　　一般情况下，规划师通常会用两地之间的直线距离来进行交通分析。例如，在区位分析时，经常会提到本规划地点距离市中心多少公里，而这往往是直线距离，实际情况下，现实路网的距离会比直线距离远得多。为了求得实际路网距离可以沿着路径逐条道路进行量算，但如果用于复杂规划分析时，工作量可能就太大了，可能动辄需要求得数千个点对之间的路网距离。这时候就需要进行交通网络建模，模拟现实路网情况，让计算机批量去计算。交通网络模型可以精确地模拟现实路网，包括道路线形、道路通畅情况、车速、路口禁转、单行线、高架路、路障等。

　　如果建立了交通网络模型，除了可以求得两地之间的实际路网距离，还可以进行指定服务半径的设施服务区分析、设施优化布局分析、交通可达性分析等。

　　本章将介绍利用 ArcGIS 构建城市交通网络模型的方法。交通网络模型是开展各类规划分析的基础平台。然后，以最基础的网络分析——路径分析来体验交通网络模型的效用。通过本章的学习，能掌握以下知识或技能：

　　■ 网络模型对数据的基本要求；

- 拓扑的概念，创建／编辑拓扑，利用拓扑功能检查数据；
- 创建和编辑网络模型；
- 模拟单行线、禁止转弯、红绿灯等候；
- 模拟地铁——地面两层交通网络；
- 路径分析。

本章介绍的内容，主要通过 ArcGIS 的 "网络分析" 扩展模块来完成，该模块需要额外付费购买。在第一次使用该模块之前需要首先加载该模块，可点击系统菜单【自定义】→【扩展模块 ...】，在【扩展模块】对话框中勾选其中的【Network Analyst】选项。否则和该模块相关的工具将不能使用，也不能新建网络数据集。

9.1 交通网络数据准备

实践 9-1（GIS 基础）准备地面路网并进行拓扑检查

实践概要		表 9-1
实践目标	掌握 ArcGIS 网络模型对数据的基本要求，并按照这些要求准备网络所需数据	
实践内容	掌握 ArcGIS 网络模型对数据的基本要求 学习 ArcGIS 的【拓扑】功能，通过拓扑检查的方法来发现几何错误 学习【拓扑】工具条的【打断相交线】工具，批量打断相交线 复习编辑要素类几何图形的各个功能	
实践数据	随书数据【Chapter9\ 实践数据 9-1 至 9-3\】	

1. 数据准备

要构建网络模型，首先要按照模型的要求准备网络所需的各类数据。本章的实验数据提供了构建网络所需的基础数据。打开地图文档 "Chapter9\ 实践数据 9-1 至 9-3\ 交通网络建模 .mxd"，可以看到数据的内容如图 9-1 所示，

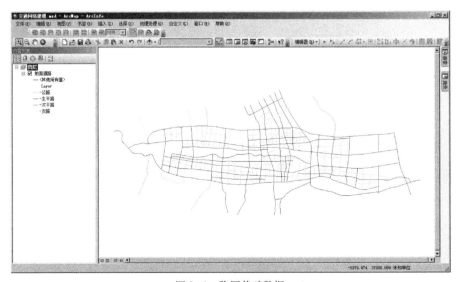

图 9-1 路网基础数据

这是某城市的规划路网。

该路网存放在【交通网络】个人地理数据库的【地面道路】要素类中。【地面道路】要素类由几何线段构成，每段线代表一段道路，所有道路都在路口打断。

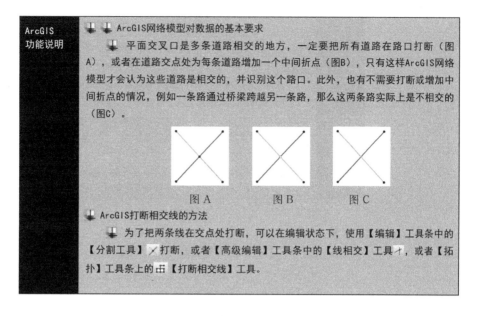

查看【地面道路】要素类的属性可以看到它有 4 个自定义属性（图 9-2）：

道路类型：公路、主干路、次干路、支路；

Shape_Length（单位：m）：路段长度；

车行时间（单位：min）：计算方法：【Shape_Length】/1000/ 车行速度 ×60（车行速度：公路 70km/h、主干路 50km/h、次干路 40km/h、支路 20km/h）；

图 9-2 道路要素类的属性

步行时间（单位：min）：计算方法：【Shape_Length】/ 步行速度 /60（步行速度：1.25m/s）。

2. 拓扑检查

在构建交通网络之前，要确保网络数据的正确性，为后续的网络分析打好基础。由于网络数据量大，肉眼难以发现所有错误，所以一般采用拓扑检查的方法来发现错误。它能够自动发现网络中没有打断、悬挂等问题。

> **ArcGIS 知识**
>
> ↓ ↓ ArcGIS中的拓扑
>
> ↓ ArcGIS中的拓扑是指不同图形要素几何上的相互关系，图形在保持连续状态下即使变形，相互关系依然不变。拓扑关系有很多，例如面A和面B共享同一条线C，点A位于线B的端点上，点A位于面C内部等。
>
> ↓ 拓扑可以帮助确保数据完整性。ArcGIS基于拓扑提供了一种对数据执行完整性检查的机制。它将拓扑关系转换成拓扑规则，进行拓扑验证后，不符合拓扑规则的地方就会给出提示，根据提示修改要素后就保证了数据的完整性。例如，如果要求点A和线B符合拓扑关系【点位于线的端点上】，那么可以要求它们满足拓扑规则【点必须被其他要素的端点覆盖】，拓扑验证后如果不满足这一规则就会给出提示。
>
> ↓ ArcGIS10目前提供了33种拓扑规则。点、线、面都有各自不同的拓扑规则，其中针对点要素有6种拓扑规则，线要素有16种，面要素有11种。这些规则都比较容易理解，例如本实践要用到的【不能相交或内部接触】是指线和线不能交叉、重叠，不能和非端点接触，如果线和线接触那只能是在端点处。添加规则时，对话框中会有对规则的详细解释。
>
> ↓ 拓扑还用于ArcGIS空间分析，但它往往被隐含在内部数据结构中（如网络数据集）、计算方法中（矢量叠加）。作为使用者基本感觉不到，所以不作过多介绍。

■ 新建拓扑。

➤ 在【目录】面板中浏览到要素数据集【Chapter9\ 实践数据9-1至9-3\ 交通网络 .gdb\ 交通网络】，右键单击【交通网络】，在弹出的窗口中选择【新建】→【拓扑】。

➤ 弹出【新建拓扑】的窗口（图9-3），点击【下一步】，默认【输入拓扑名称】为【交通网络 _Topology】，点击【下一步】。

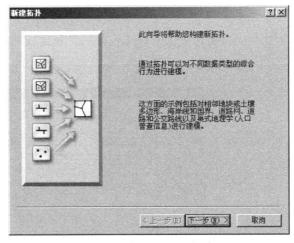

图9-3 【新建拓扑】对话框

➤ 【选择要参与到拓扑中的要素类】，勾选【地面道路】。点击【下一步】。

➤ 默认要素类的【等级】设置。点击【下一步】。

■ 指定拓扑规则，将按照这些规则检查数据。

➤ 点击【添加规则】。将【要素类的要素】设置为【地面道路】，【规则】设置为【不能相交或内部接触】（图9-4）。

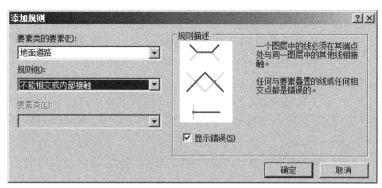

图9-4 为【地面道路】添加规则

➤ 重复上述步骤,再次为【地面道路】添加【不能自相交】规则,以及【不能有悬挂点】规则(图9-5)。规则设定完成后,点击【下一步】完成设置。

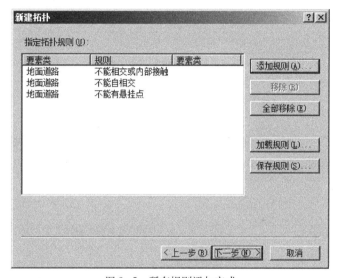

图9-5 所有规则添加完成

■ 拓扑验证。

拓扑设置完成后,会弹出窗口询问【是否立即验证?】,点击【是】。验证完成后需要在视图中加载验证结果才能查看发现的错误。在【目录】面板中浏览到【Chapter9\ 实践数据 9-1 至 9-3\ 交通网络 .gdb\ 交通网络 \ 交通网络 _Topology】,将其拖入地图中,结果如图9-6所示,突出显示的点都是不符合上述拓扑规则的地方。

图9-6 拓扑检查结果

■ 检查错误。仔细查看拓扑检查出的错误,主要分两类,一类是【地面道路】在有些路口处没有打断(图9-7);一类是地面道路中存在悬挂点,即本应该与其他道路相接并打断,却没有相接的道路(图9-8)(注:在路网的端点处同样有报错,发现了悬挂点,而对于尽端路这类悬挂点是必然存在的,虽然拓扑检查报错,但是可以忽略它们)。

图9-7 【地面道路】没有打断　　　　图9-8 【地面道路】中的悬挂点

■ 修改相交但没被打断的错误。

➤ 打开【编辑器】,启动编辑。

➤ 右键点击工具条任意空白处,选择【拓扑】,出现【拓扑】工具条(图9-9)。

图9-9 【地面道路】中的悬挂点

➤ 选择要被打断的道路以及与之相交的道路。点击【拓扑】工具条上的 古【打断相交线】,出现【打断相交线】浮动窗口,接受【拓扑容差】的默认值,点击【确定】。这样未被打断的相交道路就在路口处自动打断了。

■ 修改悬挂点的错误。

➤ 启动【高级编辑】工具条。点开【编辑器】下拉列表,选择【更多编辑工具】→【高级编辑】,启动【高级编辑】工具条。

➤ 点击【高级编辑】工具条上的【延伸工具】；然后先点击要延伸到的参考线条,再点击要被延伸的线条。这样带有悬挂点的线条就与参考线条相交了。

➤ 在被延伸线条和参考线条的交点处打断参考线条。请使用【高级编辑】工具栏中的【线相交】工具 。

■ 修改完成之后重新验证。

在【目录】面板中右键单击【交通网络_Topology】,在弹出菜单中选择【验证】。重新验证之后结果如图9-10所示。图中报错的悬挂点是合理的,除此之外没有其他错误,说明已经修改完毕,若再次验证之后还是存在错误则要重

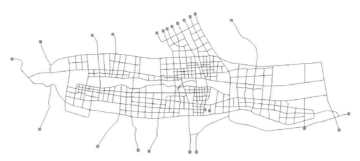

图 9-10 修改错误后重新拓扑检查结果

复之前的修改步骤，直至【拓扑验证】不再报错。

■ 修改【地面道路】的属性。经过拓扑检查后，修改了【地面道路】路网中存在错误的地方，此时路网的属性也需要随之更新。打开【地面道路】的属性表，可以发现，不同长度的道路，【车行时间】和【步行时间】却相同（图 9-11），而这显然是不合理的（注：出现这种情况是因为这些道路都是在将同一条道路打断之后形成的，因此它们的属性都源自那条道路，自然就是相同的）。此时重新计算【地面道路】的【车行时间】和【步行时间】即可修正错误。

	OBJECTID *	Shape *	Shape_Length	步行时间	道路类型	车行时间
	1196	折线	206.918133	16.51423	主干路	1.48628
	1208	折线	213.072247	16.51423	主干路	1.48628
	1210	折线	162.122516	16.51423	主干路	1.48628
	1223	折线	196.57777	16.51423	主干路	1.48628
	1239	折线	144.974505	16.51423	主干路	1.48628
	1271	折线	469.368719	16.51423	主干路	1.48628

图 9-11 【地面道路】属性表

9.2 道路网络简单建模

实践 9-1 为网络建模准备好了基础数据，本节将基于该数据构建交通网络模型。交通网络建模是一项十分复杂的工作，为了方便读者学习，首先建立一个最简单的交通网络模型，不考虑单行线、路口禁转等情况。

实践 9-2（续前，GIS 基础）地面路网的简单建模

实践概要 表 9-2

实践目标	掌握 ArcGIS 构建网络数据集的基本流程，构建一个简单的网络模型
实践内容	学习【新建网络数据集】 掌握设置网络连通性、网络属性的基本方法
实践数据	同前，随书数据【Chapter9\ 实践数据 9-1 至 9-3\】

紧接上一实践的成果，操作如下：

■ 新建网络数据集。在【目录】面板中,浏览到要素数据集【Chapter9\ 实践数据 9-1 至 9-3\ 交通网络 .gdb\ 交通网络】,右键点击【交通网络】,在弹出菜单中选择【新建】→【网络数据集 ...】。之后会弹出【新建网络数据集】向导对话框, 如图 9-12 所示。

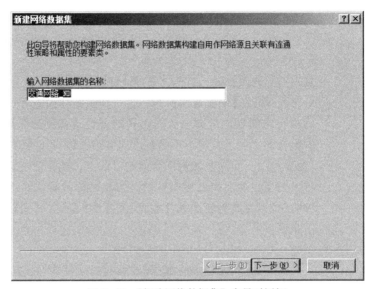

图 9-12 【新建网络数据集】向导对话框

■ 接受网络数据集的默认名称【交通网络 _ND】, 点【下一步】。

■ 选择要参与网络模型的要素类。勾选【地面道路】要素类,然后点【下一步】。

■ 设置路口转弯。接受默认【是】和【通用转弯】, 意味着所有路口均可以随意转弯, 点【下一步】。

■ 设置连通性,规定线和线如何连通。点击【连通性 ...】按钮,显示【连通性】对话框, 如图 9-13 所示。该对话框列表显示了参与网络模型的要素类。这时模型中暂时只有【地面道路】要素类。

➤ 点击【地面道路】行的【连通性策略】列对应的单元格,弹出一个下拉列表,从中选择【端点】,意味着一条线只能通过端点和相接的另一条线连通（如果选择【任意节点】则意味着一条线可以通过其上的任何折点（包括端点）和另一条线连通, 当然连通处也必须是另一条线上的折点）。

➤ 点【确定】返回, 然后点【下一步】。

■ 设置高程建模。网络模型还可以根据高程建立连通性,例如两条线交于端点,但两端点的高程不同,则不会建立连通。这里选择【无】,点【下一步】。

■ 为网络指定通行成本、限制等属性。ArcGIS 会从参与网络的要素类的属性中自动识别一些基本属性。这里系统自动识别了【车行时间】属性,作为网络通行成本, 单位是【分钟】, 如图 9-14 所示。

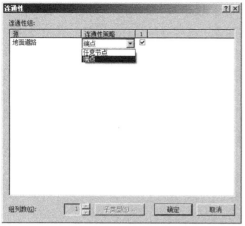

图 9-13 设置网络的连通性

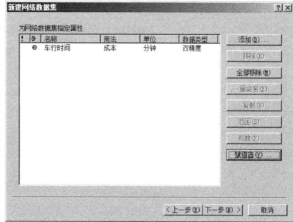

图 9-14 设置网络数据集的属性

> 选中【车行时间】行，然后点击【赋值器 ...】（或者直接双击该行），可以查看该设置的详细参数，如图 9-15 所示。其中有两条记录。

> 两条记录的【源】都是【地面道路】要素类。

> 两条记录的【方向】分别是【自－至】和【至－自】，分别代表道路通行的两个方向，一个是从道路起点到终点，另一个是从终点到起点（注：线的起点是绘制该线的第一点，终点是最后一点）。

> 两条记录的【元素】都是【边】，代表路网上的路段。

> 两条记录的【类型】都是【字段】，其【值】是【车行时间】，意味着根据【地面道路】要素类的属性字段【车行时间】中的值来确定通行成本。

> 系统识别的是正确的，点【确定】返回前一对话框。

■ 新建【路程】成本属性。

> 点击【添加 ...】按钮，显示【添加新属性】对话框，如图 9-16 所示，设置名称为【路程】，使用类型选择【成本】，【单位】选择为【米】，数据类型选择【双精度】，点【确定】返回。

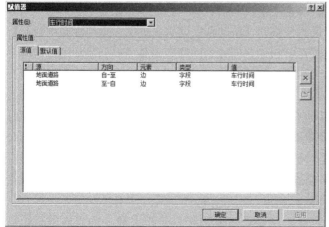

图 9-15 网络属性的赋值器对话框

图 9-16 为网络添加【路程】属性

185

> 这时属性列表中新添了【路程】属性行，但是该行前面有警告符号 ⚠▬路程，意味着设置还存在问题。选择【路程】属性后，点击【赋值器…】按钮，显示【赋值器】对话框，按图 9-17 所示进行设置。双击【类型】列下的单元格，在下拉列表中选择【字段】，双击【值】列下的单元格，在下拉列表中选择【Shape_Length】，这样设置意味着用【地面道路】要素类的长度字段【Shape_Length】的值作为网络模型中网段的双向通行成本。点【确定】返回。

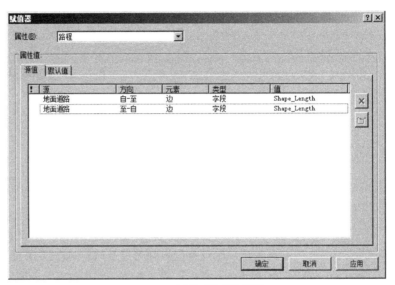

图 9-17　设置【路程】属性

> 将【路程】属性作为默认属性。右键点击【路程】属性，在弹出菜单中选择【默认情况下使用】，之后该属性前会出现符号❹▬路程，【D】代表 "default"。之后进行网络分析时会把它作为默认的网络属性，而不是之前的【车行时间】属性。

■ 完成设置。点【下一步】，为网络建立行驶方向设置时，选择【否】，点【下一步】，然后点【完成】结束设置。

■ 之后会弹出对话框，询问【新网络数据集已创建，是否立即构建？】，点【是】。网络构建完成后会自动将新建的网络数据集加载到地图中，这时会提示【是否还要将参与到 "交通网络_ND" 中的所有要素类添加到地图？】，点【是】。

至此，一个简单的网络模型已经构建完毕，完成后如图 9-18 所示，【路网】数据集下新增了两个要素类：【交通网络_ND】代表该网络数据集；【交通网络_ND_Junctions】代表路口的交会点，它们也被加载到当前地图文档中。另外，新添图层【地面道路】是参与网络构建的原始要素类，和之前已有的图层【地面道路】相同，可以移除。

放大到局部可以查看系统自动生成的路口是否正确，例如如果某路口没有交会点，则说明【地面道路】要素类中的线段在该路口没有被打断，

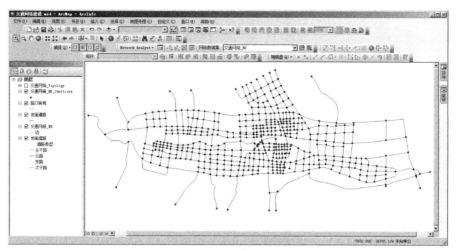

图 9-18　构建好的交通网络

这时需要对【道路】要素类的相关线段进行编辑，之后还需要重新构建网络模型。

重新构建网络模型的操作为：在【目录】面板中右键点击【交通网络】要素数据集下的【交通网络_ND】，在弹出菜单中选择【构建】。

9.3　道路网络复杂建模

本节将在实践 9-2 建立的简单网络基础之上，为其增加一些单行线、禁止转弯、禁止调头等交通管制，以及红绿灯等候，使路网模型更接近真实交通环境。

实践 9-3（续前，GIS 基础）模拟交通管制、红绿灯等候

实践概要		表 9-3
实践目标	掌握交通网络建模中模拟单行线、禁止转弯、红绿灯等候的方法	
实践内容	掌握修改网络模型的方法 掌握模拟单行线的方法 掌握模拟禁止转弯的方法 掌握模拟红绿灯等候的方法	
实践数据	同前，随书数据【Chapter9\ 实践数据 9-1 至 9-3\】	

1. 模拟单行线

在前面建立的简单网络基础之上，为其增加一些单行线。

紧接上一实践的成果，操作如下：

■　为【地面道路】要素类新添【单行线】字段。网络模型将根据该字段确定是否单行，什么方向单行。

　　➤　在【目录】面板中右键点击【地面道路】要素类，在弹出菜单中选择【属性...】，显示【要素类属性】对话框，切换到【字段】选项卡。

> 在【字段名】列点击任意一个空单元格，输入【单行线】，【数据类型】选择【短整型】，【字段属性】栏设置如图9-19所示，默认值设为【0】意味着所有路段默认都不是单行线。

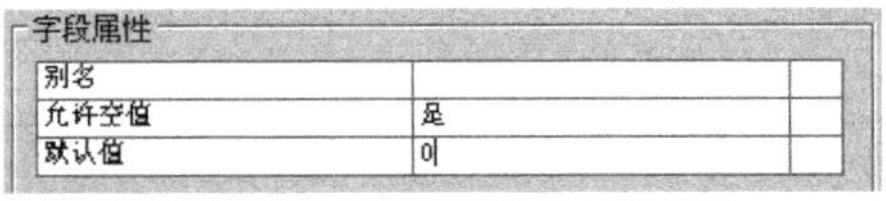

字段属性	
别名	
允许空值	是
默认值	0

图9-19 设置地面道路要素类的单行线字段

> 点【确定】完成。

■ 让【地面道路】图层显示线段方向。

> 右键点击【地面道路】图层，在弹出菜单中选择【属性...】，显示【图层属性】对话框，切换到【符号系统】选项卡。

> 点击【符号】栏中的样式按钮，弹出【符号选择器】，选择【Arrow Right Middle】样式，并把颜色设为墨绿（图9-20），点【确定】。

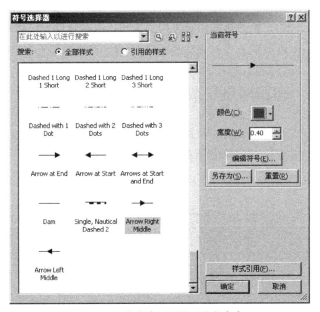

图9-20 让道路图层显示线段方向

> 点【确定】完成图层属性设置。设置完成后，图中每条路段中间都多了一个表示线段绘制方向的箭头，如图9-21所示。

■ 录入【单行线】字段的属性。

> 点击【编辑器】工具条中的选择元素工具，然后按住【Shift】键，依次选择图9-22所示路段，该路段位于路网的左下角。下面通过设置将只允许它们沿道路箭头方向通行。

> 右键点击【地面道路】图层，在弹出菜单中选择【打开属性表】，显示【表】对话框，右键点击表头【单行线】，在弹出菜单中选择【字段计算器...】，显示【字段计算器】对话框，在【单行线 =】下输入【1】，点【确定】。这里设为"1"意味着只允许沿道路箭头方向通行，亦即沿箭头反方向

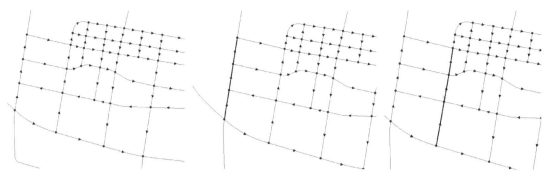

图 9-21　显示线段方向后的效果　　图 9-22　选择单向通行的线段 1　　图 9-23　选择单向通行的线段 2

限行。换言之,如果【单行线 =1】,那么地面道路【至－自】路线限行。

➢ 按住【Shift】键,依次选择路网左下角的第二条路,如图 9-23 所示,将这条路的【单行线】属性设为【-1】,设为【-1】意味着只允许沿道路箭头的反方向通行,亦即沿箭头方向限行。换言之,如果【单行线 =-1】,那么地面道路【自－至】路线限行。

■ 设置网络属性。

➢ 在【目录】面板中,右键点击【交通网络 _ND】,在弹出菜单中选择【属性】,显示【网络数据集属性】对话框。在该对话框中可以对路网作全面调整。

➢ 切换到【属性】选项卡。

➢ 添加道路限行属性。点击【添加 ...】按钮,显示【添加新属性】对话框(图 9-24),输入【名称】为【道路限行】,【使用类型】选择【限制】,意味着该属性是用于限制网络通行的;勾选【默认情况下使用】,使该属性默认参与所有网络分析。设置好后如图 9-24 所示。点【确定】。

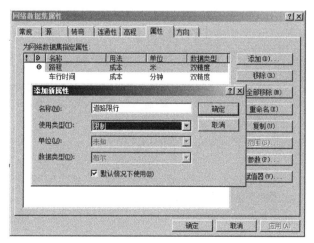

图 9-24　为网络添加【道路限行】属性

➢ 选择前面新建的【道路限行】属性,点击【赋值器 ...】按钮,显示【赋值器】对话框,将地面道路的【自－至】行和【至－自】行的类型都设置为【字段】。

> 右键点击地面道路【自－至】行，在弹出菜单中选择【值】→【属性...】，显示【字段赋值器】对话框（图9-25）。在【预逻辑VB脚本代码】栏输入：

> restricted = False
> If［单行线］= －1 Then restricted = True

> 【值=】栏输入【restricted】。设置好后如图9-25所示。该设置的含义是如果【单行线】的值等于－1，那么地面道路【自－至】路线限行，亦即只允许沿道路箭头的反方向通行。这和之前设定【单行线】数值时的含义一致。点【确定】返回。

> 双击地面道路【至－自】行，弹出【字段赋值器】对话框。在【预逻辑VB脚本代码】栏输入：

> restricted = False
> If［单行线］= 1 Then restricted = True

> 【值=】栏输入【restricted】。该设置的含义是如果【单行线】的值等于1，那么地面道路【至－自】路线限行，亦即只允许沿道路箭头的方向通行。这和之前设定【单行线】数值时的含义一致。

> 点击【确定】完成【道路限行】属性的设置。

> 点击【确定】完成网络数据集属性的设置。

■ 重新构建网络模型。在【目录】面板中，右键点击【交通网络_ND】，在弹出菜单中选择【构建】。

2. 模拟禁止转弯

本小节将接着为网络增加一些禁止转弯的路口。紧接之前步骤，操作如下：

■ 新增转弯要素类。

> 在【目录】面板中，右键点击【交通网络】要素数据集，在弹出菜单中选择【新建】→【要素类...】，显示【新建要素类】对话框（图9-26）。

> 将【名称】设为【路口转弯】，【类型】选择【转弯要素】，【选择转弯

图9-25 【字段赋值器】对话框

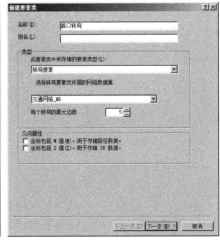

图9-26 新建转弯要素类

要素类所属的网络数据集】栏选择之前构建好的【交通网络_ND】，设置好后如图 9-26 所示。

> 点【下一步】，然后点【完成】。之后，新建的【路口转弯】要素类被添加到当前地图文档，并显示在【内容列表】面板中。

■ 编辑转弯要素类。

> 启动编辑。点击【编辑器】工具条中的 编辑器(R)▼ 下拉按钮，在下拉菜单中选择【开始编辑】，显示【创建要素】面板。

> 启动捕捉。右键点击任意工具条，在弹出菜单中选择【捕捉】，显示【捕捉】工具条。工具条中保证【边捕捉】、【折点捕捉】和【端点捕捉】处于选中状态；点击【捕捉】下拉按钮，勾选【使用捕捉】和【交点捕捉】。

> 在【创建要素】面板中点击【路口转弯】绘图模板（如果系统没有自动添加该模板，可以手工添加。点击【创建要素】面板上的【组织模板】工具 🖼，显示【组织要素模板】对话框，再点击 🔳新建模板 按钮，在弹出的【创建新模板向导】对话框中选择【路口转弯】图层，点【完成】返回）。

> 绘制禁止左转的转弯要素。如图 9-27 所示，利用捕捉，依次点击小路，交叉点，然后双击主干道，如此就绘出了禁止左转弯的通行轨迹。

> 绘制禁止掉头的转弯要素。如图 9-28 所示，利用捕捉，依次点击主干道，掉头地点，在回过头再次点击主干道，如此就绘出了禁止掉头的通行轨迹。

图 9-27　绘制左转弯要素　　　　图 9-28　绘制掉头转弯要素

> 停止并保存编辑，点【编辑器】工具条中的 编辑器(R)▼ 下拉按钮，在下拉菜单中选择【停止编辑】，弹出保存对话框时，点【是】保存编辑内容。

■ 在网络属性中设置禁止转弯。

> 在【目录对话框】中，右键点击【交通网络_ND】，在弹出菜单中选择【属性...】，显示【网络数据集属性】。

> 切换到【转弯】选项卡。由于【路口转弯】要素类在创建时已经选择属于【交通网络_ND】，所以这里已经出现在转弯列表中（图 9-29），如果之前没有设置，这需要点击【添加...】按钮，为网络添加转弯要素类。

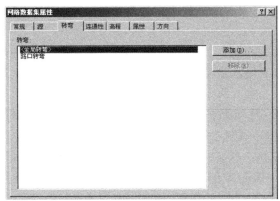
图 9-29　添加转弯要素类到交通网络

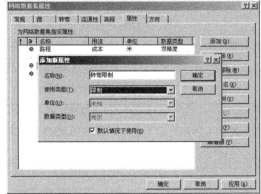
图 9-30　为网络添加【转弯限制】属性

> 切换到【属性】选项卡,添加【转弯限制】属性。点击【添加 ...】按钮,
> 显示【添加新属性】对话框 (图 9-30),设置新属性的【名称】为【转
> 弯限制】,设置【使用类型】为【限制】,勾选【默认情况下使用】,使
> 该属性默认参与所有网络分析;点【确定】完成新属性的添加。

> 在上述【属性】选项卡中,选择上一步新建的【转弯限制】属性,点击【赋
> 值器 ...】按钮,显示【赋值器】对话框 (图 9-31),将【路口转弯】
> 行的【类型】设置为【常量】,【值】设置为【受限】,意味着只要存在
> 该要素的位置都不许按要素方向转弯。点【确定】。

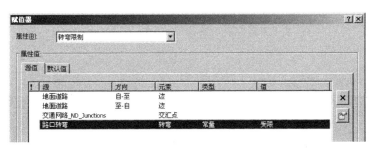
图 9-31　设置【转弯限制】属性

> 点【确定】,完成网络属性设置。

■ 重新构建网络模型。在【目录】面板中,右键点击【交通网络 _ND】,
在弹出菜单中选择【构建】。

3.模拟红绿灯等候

实际交通中,路口红灯等候时间是不可忽略的要素,它往往会占据总行车
时间的很大比例。本小节将接着为路网模型添加路口通行时间。紧接之前步骤,
操作如下:

■ 调出【通用转弯延迟赋值器】。

> 在【目录对话框】中,右键点击【交通网络 _ND】,在弹出菜单中选择
> 【属性 ...】,显示【网络数据集属性】。

> 切换到【属性】选项卡,选择【车行时间】属性，然后点击【赋值器…】按钮，显示【赋值器】对话框。

> 【赋值器】对话框中,切换到【默认值】选项卡（图9-32）。

图9-32 设置转弯属性

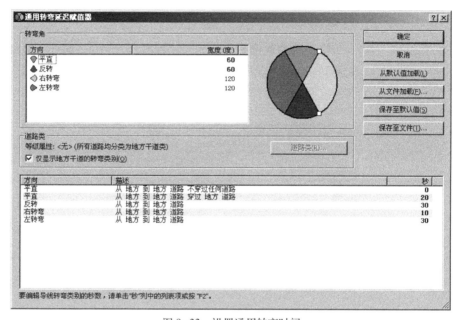

图9-33 设置通用转弯时间

> 将【转弯】属性的【类型】设置为【通用转弯延迟】。

> 双击【转弯】行的【值】列对应的单元格,显示【通用转弯延迟赋值器】对话框（图9-33）。

■ 设置【通用转弯延迟赋值器】。

> 设置各个方向的平均通行时间,如图9-33所示,其单位是秒,其中【平直 从地方到地方道路不穿过任何道路】是指两条路首尾相接，相接处没有路口，此时通行时间一般是"0"。

> 在所有弹出对话框中，点【确定】完成设置。

■ 重新构建网络模型。在【目录】面板中，右键点击【交通网络_ND】,在弹出菜单中选择【构建】。

9.4 多层交通网络建模

上一节的实践中，学习了基于地面道路的单层道路网络的建模。而在现代城市中，除了地面道路之外，还有地铁、高架快速路等道路交通类型，因此本小节在上一节的基础之上，模拟更加复杂的多层交通网络。

实践 9-4（GIS 高级）模拟地铁——地面两层交通网络

实践概要 表 9-4

实践目标	掌握构建地铁——地面两层交通网络的方法
实践内容	掌握多层网络对数据的基本要求 掌握在网络【连通性】属性中设置多层网络的方法
实践数据	随书数据【Chapter9\实践数据 9-4】

1. 数据准备

打开随书数据 "Chapter9\实践数据 9-4\多层交通网络建模 .mxd"，可以看到多层路网的基本情况，如图 9-34 所示。在本次实践中采用了地面道路和地铁两层交通网络进行建模。

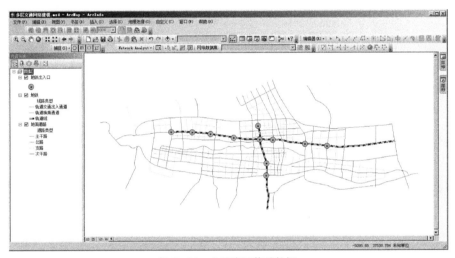

图 9-34 多层路网基础数据

该多层交通网络在个人地理数据库中分别存放在三个要素类中，分别是【地面道路】、【地铁】、【地铁出入口】。【地面道路】是第一层交通网，处理方式与上一节一致；【地铁】是第二层交通网；【地铁出入口】是两层交通网的联通点，由几何点构成。

查看【地铁】要素类的属性可以看到它有三个自定义属性（图 9-35）：

Shape_Length（单位：m）：线路长度；

通行时间（单位:min）:计算方法【Shape_Length】/1000/ 运营速度 ×60(运营速度：35km/h，包含了地铁运行时间、站点等候时间）；

线路类型：轨道线、轨道交通出入通道（从地铁站台到地面出口的通道）、轨道换乘通道（不同地铁线路在站台之间的内部换乘通道）。

2. 连接【地面道路】和【地铁】两层交通网络

地铁线路与地面道路之间的沟通是通过地铁站台（位于地铁线路上）和地铁出入口（位于地面）之间的通道来完成的。在现实情况中，在通道中步行也

图 9-35 地铁要素类的属性

要耗费一定的时间，为了更加真实地模拟实际情况，我们在【地铁】的【线路类型】中加入要素【轨道交通出入通道】，以它的通行时间来表示出入过程。在【多层交通网络建模 .mxd】视图中，可以看到，【轨道交通出入通道】并未表示出来，这里需要手动添加进去。

■ 打开【编辑器】，启动编辑。在【创建要素】面板中选择【地铁】要素类的【轨道交通出入通道】模板，在【构造工具】下选择【线】。

■ 连接【地铁出入口】与地铁站台（随书数据未给出地铁站台，地铁站台位置由读者练习时在地铁出入口附近酌情确定），例如图 9-36 中的线①。

■ 在【地铁出入口】处打断【地面道路】，在地铁站台处打断【地铁】。

■ 设置新画的【轨道交通出入通道】的【通行时间】属性值为 3min（可依据实际情况自行确定）。

■ 针对地铁线路之间的换乘，除了增加【轨道交通出入通道】，还需要用【地铁】要素类的【轨道换乘通道】模板在两条地铁线的相邻站台之间增加一条线（如图 9-37 中的线③），代表换乘步行通道，并将它的【通行时间】属性设为 2min。

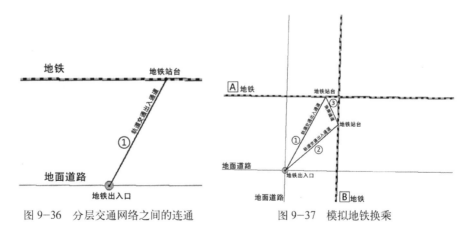

图 9-36 分层交通网络之间的连通　　　　图 9-37 模拟地铁换乘

之后的局部结果如图 9-37 所示，线①表示 A 地铁线路到地面道路的通道，线②表示 B 地铁线路到地面道路的通道，线③表示 A、B 线路之间的换乘通道。在实际情况中，从 A 线路换乘到 B 线路既可以先从 A 线路站台到达地面，再从地面到达 B 线路站台，即经过①和②两条通道；也可以直接走换乘通道③。显然，方式一所花费时间（6min）要比方式二（2min）多，所以在求解最短路径时计算机不会选择方式一。

3. 拓扑检查

与道路网络简单建模类似，在构建多层交通网络之前也要进行拓扑检查。在实践 9-1 中，已经建立了拓扑检查，在多层网络中，只需要对已建立的拓扑进行修改。

■ 在目录面板中浏览到【Chapter9\ 实践数据 9-4\ 交通网络 .gdb\ 交通网络 \ 交通网络 _Topology】，右键单击【交通网络 _Topology】要素集，在弹出的窗口中选择【属性】。

■ 切换到【要素类】的窗口，点击【添加类 ...】，在弹出窗口中选择【地铁】和【地铁出入口】。

■ 切换到【规则】窗口，点击【添加规则】（图 9-38）。

➤ 为【地铁】添加规则【不能自相交】；

➤ 为【地铁出入口】添加两个规则【必须被其他要素的端点覆盖】，其中的其他要素分别是【地面道路】和【地铁】。

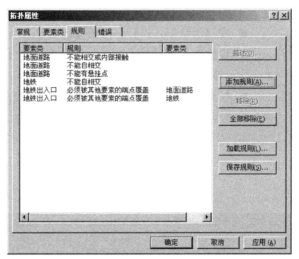

图 9-38　多层网络的拓扑验证规则

■ 完成设置后，【目录】面板中原始的【交通网络 _Topology】消失，这时要刷新【交通网络】要素集。

　　■ 重新验证。完成以上设置后，右键点击【交通网络 _Topology】，选择【验证】。

　　■ 重新加载拓扑检查结果。重新验证之后，ArcMap 视图中并不会随之更新，要【移除】原来的【交通网络 _Topology】，重新加载拓扑验证结果。

　　■ 检查错误。加载拓扑验证结果之后发现两条地铁线路相交处没有交点，这是正确的，因为不同地铁线路之间不会平交，忽略该报错；另外，最西边的【地铁出入口】没有与【地面道路】的端点重合（图 9-39）。

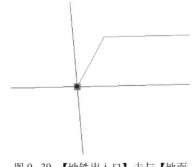

图 9-39　【地铁出入口】未与【地面道路】的端点重合

■ 修改错误。打开【编辑器】，启动编辑，打开捕捉。移动【地铁出入口】到【地面道路】和【地铁】的交点处。

■ 再次验证。修改错误之后重新验证，直至验证无误。

4. 计算交通路网的成本属性值

■ 打开【地铁】的属性表，对【线路类型】属性值为【轨道线】的要素重新计算【通行时间】，让它们等于【Shape_Length】/1000/35×60，这是按照时速35km/h计算的以分钟为单位的通行时间。

■ 打开【地面道路】的属性表，重新计算【车行时间】和【步行时间】属性，计算参数详见实践9-1的"1.数据准备"。

5. 构建多层网络

■ 设置网络。在【目录】面板中可以看到已经有了一个路网【交通网络_ND】，这是之前构建的单层地面路网，下面在其基础上增加一层地下交通网。右键点击【交通网络_ND】，在弹出菜单中选择【属性...】，显示【网络数据集属性】。

➢ 切换到【源】选项卡。点击【添加...】按钮，为网络添加【地铁】和【地铁出入口】要素类，如图9-40所示。

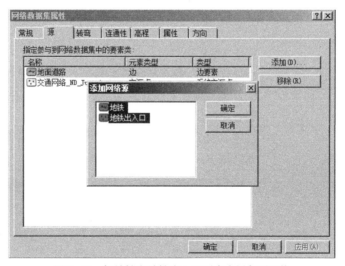

图9-40 把地铁和地铁出入口要素类添加到网络

➢ 切换到【连通性】选项卡（图9-41）。

➢ 将【组列数】栏设置为【2】，意味着将有两组网络。

➢ 将【地铁】设置到组2：取消勾选【地铁】行的列【1】，然后勾选【地铁】行的列【2】。

➢ 将【地面道路】设置到组1。

➢ 对于【地铁出入口】，同时勾选该行的列【1】和列【2】，意味着它将被两组共享。设置好后如图9-41所示。

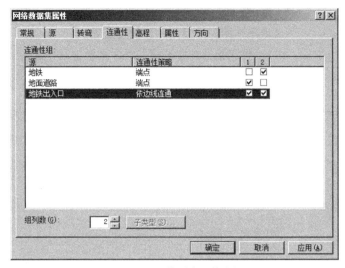

图 9-41　网络要素源的分组

ArcGIS
功能说明

ArcGIS多层网络

当现实路网出现高架桥、地铁等相对独立运行的网络时，可以用多层网络来模拟这种情况。

多层网络是通过网络分组实现的，具体在网络连通性属性中进行设置。对网络分组后，各个组内的网络是相对独立的，即交通流不会从一个组窜到另一个组，除非两个组共享一个点状网络元素，这时就可以也仅可以通过这个共享元素在组之间传递交通流。

➢ 点击【地铁出入口】的【连通性策略】，将其从【依边线连通】更改为【交点处连通】，意味着该要素拥有更高的连通权利，它将不遵循【地面道路】或【地铁】在该交会点的连通属性，它将在任何重合节点处连接到各组网络的边。

➢ 切换到【属性】选项卡，由于新添的要素改变了以前设置好的属性，此时很多属性都出现了错误警告，如图 9-42 所示。下面逐个进行修改：

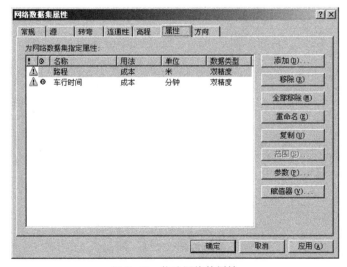

图 9-42　修改网络的属性

> 双击【车行时间】,显示【赋值器】对话框（类似于点击了【赋值器...】按钮）。
> 这时地铁的两条属性都因为存在错误而被自动选择了，右键点击它们，在
> 弹出菜单中选择【类型】→【常量】，如图9-43所示；再次点击右键，在
> 弹出菜单中选择【值】→【属性...】，弹出【常量值】对话框,输入【-1】,
> 敲回车键,如图9-44所示。这样设置意味着不允许通行,很显然地铁是不
> 允许车辆通行的;此时警告已经消除,点【确定】完成【车行时间】的设置。

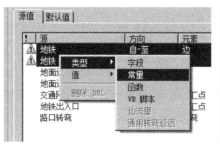
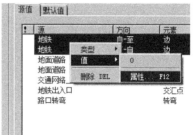

图9-43　设置网络属性的类型为常数　　图9-44　设置网络属性的值为-1

> 双击【路程】，将两条【地铁】和两条【地面道路】的【类型】设置为
> 【字段】，【值】设置为【Shape_Length】。

> 点【确定】，完成网络属性设置。

> 新增【人行时间】属性。该属性代表了行人通过步行和地铁出行所需
> 时间，在普通路面上采用步行，在能通过地铁到达的地方采用地铁。
> 接下来将新增该属性，并将其设为默认属性。

> 点击【添加...】按钮，显示【添加新属性】对话框，设置名称为【人
> 行时间】，使用类型选择【成本】，【单位】选择为【分钟】，数据类型
> 选择【双精度】，勾选【默认情况下使用】，点【确定】返回。

> 这时属性列表中新添了【人行时间】属性行，但是该行前面有警告符
> 号 ⚠️⓪ 人行时间，意味着设置还存在问题。选择【人行时间】属性后，点
> 击【赋值器...】按钮，显示【赋值器】对话框，按图9-45所示进行

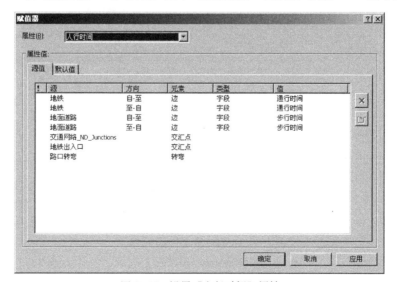

图9-45　设置【人行时间】属性

设置。【地铁】双向的【值】都取【通行时间】字段，【地面道路】双向的值都取【步行时间】。

➢ 点【确定】退出【赋值器】对话框。

■ 重新构建网络模型。在【目录】面板中，右键点击【交通网络_ND】，在弹出菜单中选择【构建】。

至此，一个更为真实的城市交通路网已经构建完毕。

9.5 通过路径分析来检验网络模型

通过前面的几个实践，终于得到了一个比较真实的城市交通网络模型。这个模型究竟是否合理，需要通过检验来判断。一般采用最简单的网络分析——路径分析——来检验网络是否合理。如果计算机求得的路径与现实中人们选择的路径相同，并且出行成本接近，网络模型就是合理的，否则就需要检查和修正模型，使之与现实吻合。只有通过检验的模型才能用于各类网络分析，才能得到合理的分析结论，否则会有很大的误差，甚至得出错误的结果。

路径分析根据网络模型中预定义的阻抗查找最快、最短或成本最低的路径。所有网络模型中的成本属性均可用作阻抗。如果阻抗是时间，则求得的路径为最快路径。

本节将在实践9-4构建的多层交通网络基础上模拟行人乘坐地铁出行。其中，用到的网络分析是基于最小时间成本的路径分析，它能在给定出行起讫点之后，求得能使行人出行时间最短的路径。这与行人出行的习惯相同，即希望走最少的路，用最短的时间到达目的地。

实践 9-5（GIS 基础）模拟乘坐地铁出行

	实践概要	表 9-5
实践目标	通过路径分析来检验网络模型的合理性，初步了解 ArcGIS 网络分析的一般流程和相关工具	
实践内容	学习最基础的网络分析——路径分析 认识【Network Analyst】工具条、【Network Analyst】面板、【内容列表】面板中的网络分析图层组 学习设置网络分析的各类参数，包括分析类型、网络阻抗、网络位置捕捉 学习添加网络分析对象，如停靠点、障碍点等 学习网络分析求解 学习查询网络分析结果的方法	
实践数据	随书数据【Chapter9\ 实践数据 9-5】	

■ 打开地图文档【Chapter9\ 实践数据 9-5\ 行人出行模拟 .mxd】。这是上一实践 9-4 构建的多层交通网络。

■ 加载【Network Analyst】工具条。在 ArcMap 工具条的任意空白处点击右键，选择【Network Analyst】，如图 9-46 所示。

图9-46 Network Analyst分析模块

这时工具条中的【网络数据集】栏显示为【交通网络_ND】，证明系统已自动识别了该网络模型，并把它作为默认的网络分析对象。

> **ArcGIS 功能说明**
>
> 🔽 🔽 加载网络模型
>
> 🔽只有将【目录】面板中的网络数据集拖拉加载到地图中之后，【Network Analyst】工具条才能识别该网络数据集。新建网络数据集成功后会自动加载，否则需要手动加载。加载网络数据集时会提示"是否还要将参与到'交通网络_ND'中的所有要素类添加到地图？"，如果这些要素类已经在【内容列表】面板中了，就选择【否】不添加，否则选择【是】。

■ 新建网络分析。

➤ 点击【Network Analyst】工具条中的下拉按钮【Network Analyst】，在下拉列表中选择【新建路径】。

➤ 之后【内容列表】中会新增【路径】图层组（图9-47），其中罗列了参与该分析的各类要素，包括停靠点（路径的起讫点和中间点）、点障碍、线障碍、面障碍（实际路障），以及路径（求得的最优路径）。

➤ 此外，还会在【内容列表】面板旁出现【Network Analyst】面板（图9-48）（如果没有显示该对话框，可点击工具条上的【显示/隐藏网络分析窗口】工具🔲），通过【Network Analyst】面板可以设置分析参数，添加网络分析对象（例如停靠点、障碍等）。

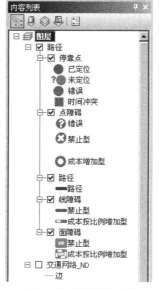

图9-47 【路径】图层组　　图9-48 【Network Analyst】面板

> ArcGIS
> 功能说明

网络分析的两套人机交互方式

启动网络分析工具后，系统提供了两套可视化操作的方式：

（1）【Network Analyst】面板中的树状列表，通过它可以设置各类网络分析对象；

（2）【内容列表】中会增加一个分析图层，它用于控制网络分析的图形效果，它可以控制网络分析对象（例如停靠点、点障碍、路径等）的显示/隐藏，以及这些要素的显示方式（例如颜色、线型等）。此外，删除该图层将删除整个分析设置和分析结果。

■ 设置网络分析的相关参数。

➤ 点击【Network Analyst】面板右上角的【属性】按钮，显示【图层属性】对话框。

➤ 设置网络分析的【阻抗】。切换到【分析设置】选项卡（图9-49）。设置【阻抗】为【人行时间（分钟）】，意味着根据网络属性中的【人行时间】来计算最短路径。

➤ 设置网络分析的【捕捉】。切换到【网络位置】选项卡（图9-50），设置【搜索容差】为10m；在【捕捉到】栏，勾选【最近】，在捕捉列表中勾选【地面道路】和【地铁出入口】，取消勾选【地铁】。如此设置后，当在地图上拾取路径起讫点时，会捕捉到最近的【地面道路】和【地铁出入口】，而不会捕捉到【地铁】（因为人们出行的起讫点绝不会是在地铁隧道里）。

➤ 点【确定】完成网络分析属性设置。

■ 添加网络分析对象，设置出行起讫点。首先在【Network Analyst】面板中选择【停靠点】项，然后点击【Network Analyst】工具条中的【创建网络位置工具】，参照图9-51中的点①和点②在图面上各点击一次作为起点和终点，这两个点会被同步添加到【Network Analyst】面板的【停靠点】项目下（图9-51）。

■ 执行分析，求得路径。点击【Network Analyst】工具条上的【求解】工具，短暂运算后，得到计算结果，如图9-52所示。

图9-49　设置网络分析的【阻抗】

图9-50　设置网络分析属性

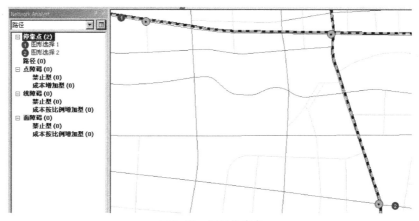

图 9-51 设置停靠点

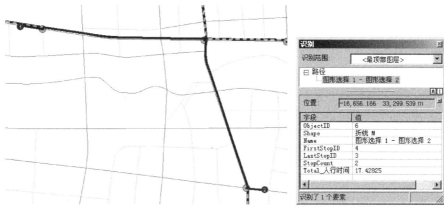

图 9-52 路径求解结果　　　　　　图 9-53 查看路径属性

■ 查看路径的属性。点击【工具】工具条的【识别】工具 ❹，然后在地图中点击上一步求得的路径，在弹出的【识别】对话框中可以看到其【Total_人行时间】为 17.42825min（图 9-53）。

检验分析：从求解的路径来看，从 1 点到达 2 点，先通过地面道路，到达地铁出入口，经过轨道交通出入通道进入地铁站台，然后乘坐地铁并换乘之后到达南部地铁站，出站后步行一段到达目的地，出行耗时 17.4min。求解结果与现实人们选择的路径是完全相同的，出行时间与现实出行时间接近，说明网络是合理的。

下面进一步介绍网络分析中常用的增加中途停靠点的情况和出现路障的情况：

■ 增加中途停靠点。在实际情况中，常常会遇到必须在中途停靠某些位置的情况，可以按以下方法求解：

➢ 确保【Network Analyst】面板中的【停靠点】项处于选中状态，点击【Network Analyst】工具条中的 ，如图 9-54 所示，在起讫点之间再增加一个停靠点。

➢ 在【Network Analyst】面板中的【停靠点】项下，拖拉刚才新增的【图

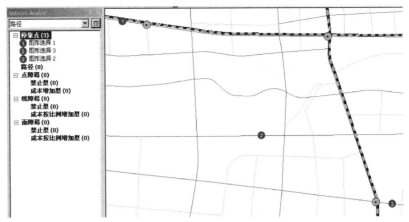

图9-54　设置起点、中间点、终点

形选择3】到【图形选择2】之前，如此就调整了停靠次序，保证先经过【图形选择3】再到【图形选择2】。

> 再次点击【Network Analyst】工具条上的【求解】工具，得到的结果如图9-55所示，这次没有乘坐地铁。

■ 设置障碍。在实际情况中，由于道路维修、堵车等原因会造成最佳路径不可行，要模拟这种情况，可以在网络分析中加入点障碍。在【Network Analyst】面板中选择【点障碍】下的【禁止型】，然后还是点击【Network Analyst】工具条上的，再点击图面上的障碍路段（图9-56），该路段会标记一个障碍标志 ⊗，之后点击【求解】工具重新求解路径，结果如图9-56所示。

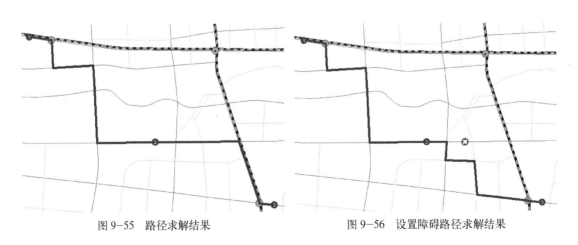

图9-55　路径求解结果　　　　　　　　图9-56　设置障碍路径求解结果

9.6　本章小结

城市交通网络是城市的骨架，许多规划分析都需要交通分析作为支撑。因此，在计算机系统中模拟城市交通网络，是许多规划量化分析的前提。而ArcGIS提供了强大的网络建模功能。通过本章的学习，将能比较全面地掌握ArcGIS网络建模方法。

要构建网络模型，首先要构建网络数据集，然后把线状要素类（例如道路、地铁、高架等）以及代表交会点的点状要素类（地铁出入口、高架出入口等）加入到该模型中，并设置网络的连通性、通行成本、转弯等网络属性。在此基础上，还可以模拟单行线、路口禁转、路口等待、地铁和道路多层交通网络等常见路况。总体上讲，构建网络模型的步骤多，设置复杂，掌握起来有一定的难度，但只要多操作几遍，理解各类参数设置的原理和作用，一般都能掌握。

构建了网络模型之后，一般采用最简单的网络分析——路径分析来检验网络是否合理。只有通过检验的模型才能用于各类网络分析，否则就需要检查和修正模型，使之与现实吻合。本章通过路径分析模拟了行人基于地铁的出行，求得的路径与现实中人们选择的路径相同，并且出行成本接近，检验通过。

练习9-1：构建简单路网

随书数据【Chapter9\ 练习数据 9-1\】提供了某个城市片区的地面路网，该路网包括主干道、次干道和支路。请据此构建一个网络数据集，具体要求如下：

（1）对路网进行拓扑检查，并修改其中的错误；

（2）求得各路段的车行时间，各类型道路的车行速度为：主干路 50km/h、次干路 35km/h、支路 20km/h；

（3）新建网络数据集，新建车行时间和路程两个网络属性。

练习9-2：构建多层网络

随书数据【Chapter9\ 练习数据 9-2\】提供了某个城市片区的地面路网和高架快速路。请据此构建一个多层网络数据集，具体要求如下：

（1）请在匝道和高架路、地面路的连接处打断相应道路，并在匝道和地面道路连接处增加点状要素【匝道出入口】，作为两层网络之间的连通点（图 9-57）。

（2）求得高架路和匝道各路段的车行时间，高架路 80km/h，匝道 40km/h。

（3）构建由高架路和地面道路构成的两层网络，新建车行时间和路程两个网络属性。

（4）模拟高架单行匝道。请参照图 9-58 将高架单行匝道设置成单行线。

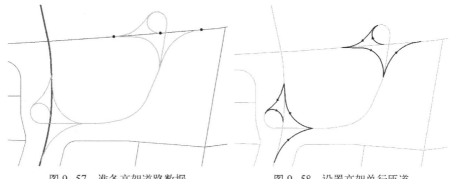

图 9-57 准备高架道路数据　　　图 9-58 设置高架单行匝道

（5）模拟禁止左转，请在匝道各段的入口和出口处都设置成禁止左转进出匝道和禁止掉头，这显然是不允许的。注：绘制转弯要素时不要绘制到弧线段上，这样网络模型会识别不了。

练习9-3：求解最短车行时间的路径

请在练习9-2得到的网络模型基础上，求解图9-59中①、②两地点之间车行时间最短的路径，以此来检验练习9-2构建的路网是否正确。

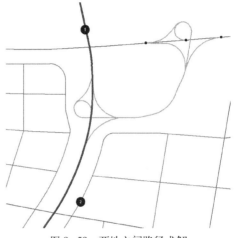

图9-59　两地之间路径求解

第10章 基于交通网络的空间分析——网络分析

上一章介绍了构建城市交通网络模型的方法，本章将基于这些网络模型开展各种典型的网络分析，包括设施服务区分析、设施优化布局、交通可达性分析。通过学习这些典型分析，读者可以熟练掌握网络分析的基本步骤和原理，从而为开展更加复杂的规划分析奠定基础。通过本章的学习，能掌握以下知识或技能：

- 网络分析的基本步骤；
- 设施服务区分析；
- 基于位置分配（Location-allocation）工具的设施选址；
- 求解 OD 成本矩阵；
- 基于最小阻抗的可达性分析方法。

10.1 网络分析类型和通用步骤

ArcGIS 提供了六种典型的网络分析。点击【Network Analyst】工具条中的下拉按钮【Network Analyst】，可以看到 ArcGIS 提供的六种网络分析类型（图10—1）。

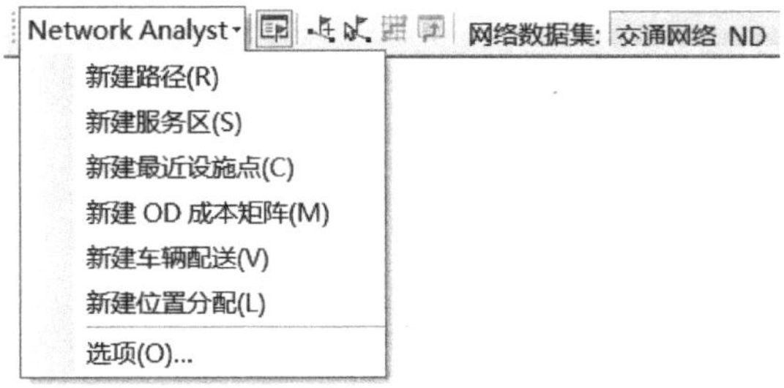

Network Analyst · 　　　　　　　网络数据集：交通网络 ND

新建路径(R)
新建服务区(S)
新建最近设施点(C)
新建 OD 成本矩阵(M)
新建车辆配送(V)
新建位置分配(L)

选项(O)...

图 10-1　ArcGIS 提供的典型网络分析工具

ArcGIS 功能说明

六种典型网络分析的功能

1）路径分析

路径分析根据网络模型中预定义的阻抗查找最快、最短或成本最低的路径。所有网络模型中的成本属性均可用作阻抗。如果阻抗是时间，则求得的路径为最快路径。

2）服务区分析

服务区分析查找网络中任何位置周围阻抗范围内的服务区。例如，网络上某一点的 5min 服务区包含从该点出发在 5min 内可以到达的所有街道。

3）最近设施点分析

最近设施点分析可以在所有设施点中查找距离事件点成本最小的设施点，并给出路径。例如，可以搜索距离火灾发生点最近的消防站和急救中心。

4）OD 成本矩阵分析

OD 成本矩阵用于在网络中查找和测量从多个起始点到多个目的地的最小成本路径。OD 成本矩阵反映了研究区域不同空间之间的距离，可以作为许多规划分析的基础数据。

5）车辆配送分析

各种组织都会使用一支车队来为各停靠点提供服务。例如，大型家具商场可能使用多辆货车将家具配送到各家各户。车辆配送分析可找出一支车队为多个停靠点提供服务的最佳路径。

6）位置分配分析

位置分配分析在给定需求和已有设施空间分布的情况下，在用户指定的系列候选设施选址中，让系统从中挑选出指定个数的设施选址，从而解决特定的布局问题。ArcGIS 提供了解决六种问题的优化模型，包括最小化抗阻、最大化覆盖范围、最小化设施点数、最大化人流量、最大化市场份额、目标市场份额。

上一章的实践 9-5 介绍了最简单的网络分析——路径分析的基本步骤，实际上 ArcGIS 各类网络分析的基本步骤都是相同的。

1）向 ArcMap 中添加网络数据集

要执行网络分析，需要至少有一个网络模型。因此，首先向 ArcMap 添加网络数据集图层。如果构成网络的源要素已经被编辑过，或者网络属性已更改，则需要重新构建网络数据集。

2）新建网络分析

点击【Network Analyst】工具条中的下拉按钮【Network Analyst】（图10-1），选择相应的网络分析类型，就会新建该网络分析。新建的网络分析存储在地图文档中，包括各种设置和分析结果。新建的网络分析通过【Network Analyst】面板和【内容列表】面板中的网络分析图层组与用户进行交互。

【Network Analyst】面板控制着网络分析属性和网络分析对象。点击该面板右上角的【属性】按钮▣，可以调出【图层属性】对话框。通过该对话框可以设置各种网络分析属性。此外，【Network Analyst】面板列出了各种网络分析对象，通过它可以设置各类网络分析对象，例如停靠点、路障、路径等。

另外，【内容列表】面板中也以图层组的形式列出了网络分析对象，如果有多个网络分析，则会出现多个网络分析图层组。它主要用于控制网络分析的显示效果，包括控制网络分析对象（例如停靠点、点障碍、路径等）的显示／隐藏，以及这些对象的显示方式（例如颜色、线型等）。此外，删除网络分析图层组将删除整个网络分析。

3）添加网络分析对象

网络分析对象是网络分析时用作输入和输出的要素和记录。例如，典型的输入要素包括停靠点、障碍和设施点，而求得的路径则是输出要素。

只能向网络中添加输入类型的网络对象，主要有两种方法：一种是以交互方式一次添加一个对象，在实践9-5添加路径的起讫点、停靠点、路障用的就是这种方法；另一种方法是将一个点状要素类中的要素批量加载到网络中，接下来的实践10-1就会用到。

4）设置网络分析属性

通过点击【Network Analyst】面板右上角的【属性】按钮▣，可以调出【图层属性】对话框。通过该对话框可以设置各种网络分析属性。常规的分析属性包括要使用的网络阻抗特性、要遵守的约束条件特性等。此外，还包括要执行的分析类型所特有的属性。

5）执行分析并显示结果

点击【Network Analyst】工具条上的【求解】工具▨，短暂运算后，得到网络分析结果，求得的服务区、路径等会显示在地图窗口，并同时会在【Network Analyst】面板和【内容列表】网络分析图层组中列出。

10.2 设施服务区分析

城市规划对很多公共设施都有服务半径的要求，例如小学的服务半径为500m。目前大多以设施为圆心，服务半径为半径，画一个圆，粗略地估计设施的有效服务区域。现在有了路网模型后，可以在现实路网上按照交通距离更准确地模拟设施在服务半径内可以覆盖的区域。

下面我们还是在上述交通网络的基础上，对小学的服务区进行分析，一般城市小学的服务半径为500m。

实践10-1（规划分析）设施服务区分析

实践概要	表10-1
实践目标	掌握网络分析中的服务区分析方法
实践内容	复习网络分析的一般步骤 学习从点状要素类中批量加载网络对象（例如设施点）的方法
实践数据	随书数据【Chapter10＼实践数据10-1】

■ 启动 ArcMap，打开随书数据【Chapter10\ 实践数据 10-1\ 设施服务区分析 .mxd】，其中包含一个完整的交通网络模型，以及一个【小学】图层。

■ 启动服务区分析。点击【Network Analyst】工具条上的按钮【Network Analyst】，在下拉菜单中选择【新建服务区】，之后会显示【Network Analyst】面板（如果没有显示该对话框，可点击工具条上的【显示 / 隐藏网络分析窗口】工具 ），并且【内容列表】面板中也新添了【服务区】图层组。

■ 加载设施点。在【Network Analyst】面板中，右键点击【设施点】项，在弹出菜单中选择【加载位置 ...】，显示【加载位置】对话框（图 10-2）。将【加载自】栏设置为【小学】，意味着根据【小学】要素类确定设施点的位置。

■ 点【确定】后，20 个小学的位置被提取出来成为了设施点（图 10-3）。

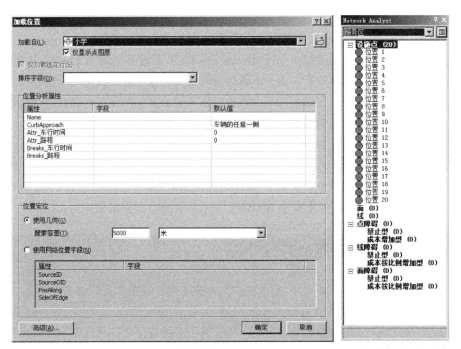

图 10-2　从要素类加载位置　　　图 10-3　加载位置到设施点

■ 设置服务区分析的属性。点击【Network Analyst】面板右上角的【属性】按钮 ，显示【图层属性】对话框，切换到【分析设置】选项卡。选择【阻抗】为【路程（米）】，【默认中断】设为【500 800】（图 10-4），这意味着将生成小学的 500m 和 800m 服务区。点【确定】。

■ 设置网络分析的【捕捉】。切换到【网络位置】选项卡，设置【搜索容差】为 200m；在【捕捉到】栏，勾选【最近】，捕捉列表中勾选【地面道路】，取消勾选【地铁】和【地铁出入口】。点【确定】完成网络分析属性设置。

图 10-4　设置服务区分析的属性

■ 服务区求解。点击【Network Analyst】工具条上的【求解】工具 🔲，
短暂运算后，得到计算结果，如图 10-5 所示。系统为每所小学都计算了两个
服务区，其中深色为 500m 服务区，浅色为 800m 服务区。

图 10-5　服务区分析的结果

可以看到，基于真实路网得到的服务区不是圆形，而是不规则多边形。图
面直观地显示了小学的服务覆盖情况，很多区域都超过了规范规定的 500m 服
务半径，但距离大多没有超过 800m。这说明该区域的小学服务水平一般。

如果按照传统以服务半径画圆来估算服务区的方法，得到的结果将会如图
10-6 所示。这是利用 ArcGIS 多环缓冲区工具生成的（详细操作参见实践 6-1
的多环缓冲区分析）。可以看到传统方法的计算结果更加粗略，且设施服务区
范围更大。

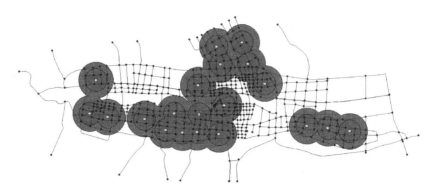

图 10-6　传统缓冲区分析的结果

10.3　设施优化布局分析

空间位置对于一个设施具有举足轻重的作用。合适的空间位置可以让零售店盈利、让公益设施提供更好的服务、让学校更容易到达等。因此，这些设施的优化布局一直以来都是城市规划的重要内容。

ArcGIS 提供了强大的"位置分配（Location-allocation）"功能，它集成了许多典型的设施优化布局模型，可以帮助我们科学而高效地布局各类设施。本节将以高中的布局选址为例，介绍基于 ArcGIS "位置分配"功能的设施优化布局分析。

1. "位置分配"基本原理

ArcGIS "位置分配"的基本原理是：在给定需求和已有设施空间分布的情况下，在用户指定的系列候选设施选址中，让系统从中挑选出指定个数的设施选址，而挑选的原则是根据特定优化模型来的，挑选的结果是实现模型设定的优化方式，例如设施的可达性最佳、设施的使用效率最高或设施的服务范围最广等。

"位置分配"的基本过程包括：

➢ 模拟服务需求的空间分布（例如居住区分布）；

➢ 模拟已有设施的空间分布；

➢ 用户找出所有可能的设施候选位置；

➢ 用户指定优化模型，并设置模型参数；

➢ 系统自动挑选合适的设施选址；

➢ 分析计算结果，必要的情况下进行调整后再次模拟分析。

2. 优化模型简介

设施布局的优化包含非常丰富的含义，例如设施的可达性最佳、设施的使用效率最高或设施的服务范围最广等。此外，针对不同的设施其优化的重点也不尽相同，例如小学布局优化的重点是使小学生能更方便、安全地到达，商业设施布局的重点是使其拥有更多的顾客，消防站布局的重点是使消防车在规定时间内未能覆盖的区域最少等。因此，设施优化布局模型的种类也是非常丰富的。

ArcGIS 目前提供了六种典型的优化模型：最小化抗阻、最大化覆盖范围、最小化设施点数、最大化人流量、最大化市场份额、目标市场份额。分别介绍如下。

1）最小化抗阻模型（P—Median model）

该模型的目标是在所有候选的设施选址中按照给定的数目挑选出设施的空间位置，使所有使用者到达距他最近设施的出行距离之和最短。其现实意义在于使出行代价最小化。

图 10-7 显示了运用该模型布局一个设施的情况，显然，设施被布局在所有使用者的重心位置。该模型也可用于挑选多个设施，在这种情况下，模型假定使用者只到距他最近的设施进行"消费"。此外，出行路径不仅可以采用如图 10-7 所示的空间直线路径，还可以采用更符合现实的实际出行路径。

由于该模型的最终目标是使得总出行路径最短，因而不可避免地会牺牲那些极少数位置偏远的用户，如图 10-7 最右点所示。于是出于公平的考虑，又提出了受最大出行距离限制的最小化抗阻模型，它在上述模型的基础上加了一个限制条件，即所有用户到与之最近的设施的距离不得超过某一极限距离。

该模型主要用于学校的优化布局。

2）最大化覆盖范围模型和最小化设施点数模型

最大化覆盖范围模型的目标是在所有候选的设施选址中挑选出给定数目的设施的空间位置，使得位于设施最大服务半径之内的设施需求点最多。与上述模型不同，它关注的是设施的最大覆盖问题，至于设施需求点到设施的距离，它认为只要在服务半径之内，设施点就享受到了足够的服务，而不论距离的长短，如图 10-8 所示。

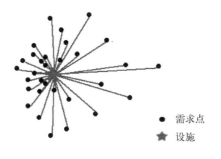

需求点
设施

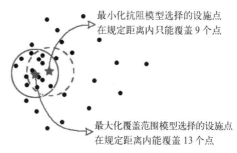

最小化抗阻模型选择的设施点
在规定距离内只能覆盖 9 个点

最大化覆盖范围模型选择的设施点
在规定距离内能覆盖 13 个点

图 10-7 最小化抗阻模型　　　　图 10-8 最大化覆盖范围模型

该模型主要用于由政府出资建设的具有强制性服务半径限制的急救防灾等保障设施，例如急救中心、消防站等。很显然，倘若有足够的财力布置尽量多的设施，那么这些设施就能够在规定的时间或距离内覆盖所有的消费者。但现在大多数城市所面临的主要问题是缺乏布局足够设施的财力，那么问题的关键就在于至少布置多少设施就可以覆盖绝大多数的需求者。该模型为政府选择财力能负担的设施数量提供了科学的依据。

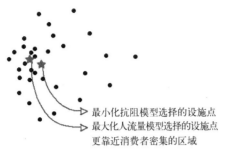

最小化抗阻模型选择的设施点
最大化人流量模型选择的设施点
更靠近消费者密集的区域

图 10-9 最大化人流量模型

最小化设施点数模型是最大化覆盖范围模型的改进型，其目标是在所有候选的设施选址中挑选出数目尽量少的设施，使得位于设施最大服务半径之内的设施需求点最多。也就是说，该模型自动在设施数量和最大化覆盖范围中计算平衡点，自动求得合适的设施数量和位置，而不需要用户指定设施数量。

3）最大化人流量模型

该模型的目标是在所有候选的设施选址中按照给定的数目挑选出设施的空间位置，使得设施被使用的可能性最大。该模型是建立在这样一个行为假设下的：使用者前去某设施进行消费的可能性随着出行距离的增加而减少。该模型的目标也即为通过使周边使用者使用该设施的可能性最大化，从而使该设施的服务效率最高。

该模型可用于那些选择使用或可被替代使用的设施，例如文化娱乐设施、商业服务设施、家政服务设施、体育场馆等，居民在能方便享用的情况下或许会使用它，否则就不会使用它。在这种情形下，争取更多的潜在消费者是这些设施得以生存的前提。因此，该模型就会将设施布局在潜在消费可能性最密集的区域，如图 10-9 所示。很显然该模型会更加忽视分散的偏远消费者。

4）最大化市场份额模型和目标市场份额模型

这两个模型主要用于竞争性设施点的布局问题，例如大型超市布局。在市场总份额一定的情况下，位置和设施状况对于争取更大的市场份额具有决定性的影响。

最大化市场份额模型的目标是在所有候选的设施选址中按照给定的数目挑选出设施的空间位置，使得当存在竞争性设施点时可最大化市场份额。

目标市场份额模型的目标是在所有候选的设施选址中自动挑选出合适数量的设施，使得当存在竞争性设施点时可达到指定目标的市场份额。

上述两个模型都是建立在以下假设下的：

（1）总市场份额是所有能被服务到的需求点的需求的总和；

（2）当某个需求点位于多个设施点服务范围内时，该需求点的需求将被所有设施点瓜分。但是，权重大的设施（例如规模大）更有吸引力，因此能瓜分到更多的需求；同时，距离近的设施，出行成本更低，能瓜分到更多的需求。

实践 10-2（规划分析）高中选址

实践概要   表 10-2

实践目标	掌握网络分析中的位置分配分析
实践内容	复习多层网络的构建技术 理解用路口模拟广布于城市各个区域的设施的方法 学习【要素转点】工具，理解从居住用地中提取生源地点的方法 学习"最小化阻抗"类型的位置分配分析方法，并理解"候选项"、"必选项"设施点的区别 学习在【内容列表】面板中进一步符号化网络分析结果的方法 学习对【位置分配】结果进行深入分析的方法，理解结果表中主要字段的含义
实践数据	随书数据【Chapter10\ 实践数据 10-2】

1. 数据简介

■ 打开随书数据"Chapter10\ 实践数据 10-2\ 高中选址 .mxd",在视图中有一个完整的交通网络模型。此外还有一个【居住用地】图层,该图层有【高中就读人数】属性,它反映了高中生的分布情况。本实践的目标就是基于该路网,针对高中生的分布情况,为三所高中进行选址。

由于高中生上学出行主要基于步行、公交和地铁,因此本交通网络模型构建了三层网络,分别是地面道路、公交网络和地铁:

(1) 地面道路是现有的所有地面道路,主要供高中生步行,步行速度取 1.25m/s,各路段的通行时间存放在【步行时间】字段中。

(2) 公交网络主要是所有公交线路形成的网络,这里为了简化建模,没有区分各条公交线路,而是把所有公交线路走向综合起来形成公交网络,并且采用公交运营时间作为各路段的行程时间,存放在【行程时间】字段中,其中包括了停靠站、路口转弯等中间等候时间,公交运营速度取 15km/h。图 10-10 显示了该公交路网和公交站点,公交路网是重叠在地面道路上的,而且公交路网和地面道路都在公交站点处打断,两者从而可以通过公交站点连通。

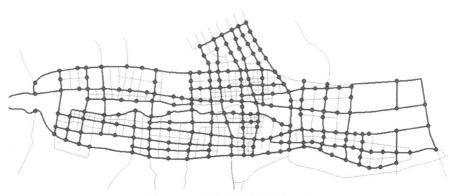

图 10-10 实践数据中的公交网络

(3) 地铁有两条线路,各段的通行时间存放在【通行时间】字段中,其运营速度取 35km/h,包含了地铁运行时间、站点等候时间,出入站和换乘通过【地铁】要素类中的【轨道交通出入通道】和【换乘通道】完成,通行时间分别为 3min 和 2min。【地铁】和【地面道路】之间通过【地铁出入口】连通。

本实践中未考虑公交和地铁的候车时间。此外,由于步行的路口红绿灯等候相对灵活,而公交路网的行程时间中已包含了路口等候,所以本路网没有设置路口通用转弯延迟。

打开【交通网络 _ND】的【网络数据集属性】,切换到【连通性】选项卡,可以看到它们的连通性分组设置,如图 10-11 所示。

切换到【属性】选项卡,可以看到路网主要使用【人行时间】属性(图

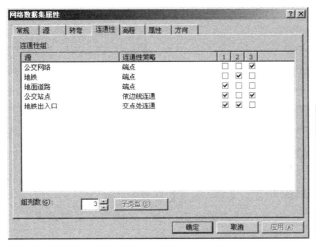

图 10-11　实践数据的网络连通设置

图 10-12　网络的【人行时间】属性

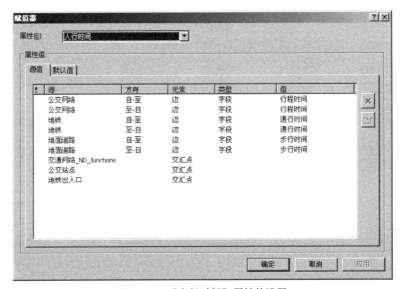

图 10-13　【人行时间】属性的设置

10-12），双击该属性打开【赋值器】对话框可以看到该属性的具体设置（图10-13），地面道路的成本取【地面道路】要素的【步行时间】字段的值，公交网络的成本取【公交网络】要素的【行程时间】字段的值，地铁的成本取【地铁】要素的【通行时间】字段的值。

2. 高中候选地址模拟

在进行网络分析时，由于路口一般分布比较均匀，为了模拟城市任何位置都可以作为高中选址的情况，通常将所有路口点作为候选地址，最终系统计算之后会求解出最适合的路口，然后在路口附近选择合适的用地。由于是多层路网，所以路口要素存放在【交通网络 _ND_Junction】要素类（这是构建网路模型时自动生成的）、【公交站点】和【地铁出入口】，如图 10-14 所示。

图 10-14 用路口模拟候选地址

3. 生源地点模拟

理论上来讲，城市里每个地方都有学生上高中，在网络分析中，为了简化数据量，我们以居民较集中的居住或商住用地作为分析单元。由于网路分析中加载位置的操作只支持点要素，所以首先将用地的面状要素转换为点状要素，具体操作如下：

■ 将面状要素转换为点状要素。在【目录】面板中，使用工具【工具箱\系统工具箱\Data Management Tools\要素\要素转点】，按照图 10-15 设置，其中务必要勾选【内部（可选）】，以保证生成的点位于面的内部。

4. 设施选址和位置分配运算

本实践使用最小化阻抗模型分配高中，按照给定的数目挑选出高中的空间位置，使所有高中生到达距他最近高中的出行距离之和最短。

根据国家规范按照千人指标计算得到本区域一共需要三所高中。在接下来的实践中，用两种方法来确定这三所高中的位置：一是三所高中的位置都不确定，指定数目之后，由系统自己计算；二是明确一所高中的选址，剩下两所高中的位置由系统来计算。

1）三所高中位置都不确定

在之前的基础上，继续操作如下：

■ 启动分析工具。点击【Network Analyst】工具条上的按钮【Network Analyst】（如果没显示【Network Analyst】工具条，可在任意工具条上单击右键，在弹出菜单中选择【Network Analyst】），在下拉菜单中选择【新建位置分配】，之后会显示【Network Analyst】面板，【内容列表】面板中也新添了【位置分配】图层，如图 10-16 所示（如果没有显示该面板，可点击工具条上的【显示/隐藏网络分析窗口】工具）。

图 10-15 要素转点

217

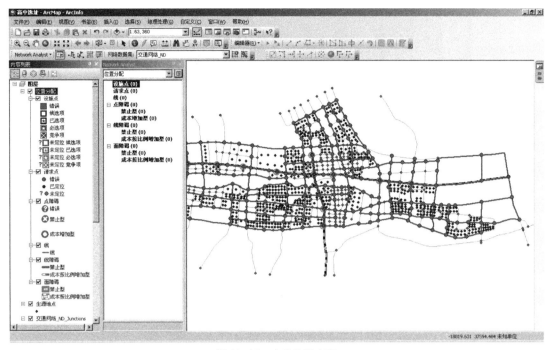

图 10-16　启动位置分配

■ 加载候选高中位置。在【Network Analyst】面板中,右键点击【设施点】项,在弹出菜单中选择【加载位置 ...】,显示【加载位置】对话框 (图 10-17)。

➤ 将【加载自】栏设置为【交通网络 _ND_Junction】。

➤ 将【Facility Type】的【默认值】设置为【候选项】,意味着这些高中是候选设施点。

➤ 点【确定】后,【Network Analyst】面板的【设施点】中出现这些设施点。

➤ 重复上述操作,将【公交站点】和【地铁出入口】都作为候选设施点进行加载。【Network Analyst】面板中显示一共加载了 681 个设施点。

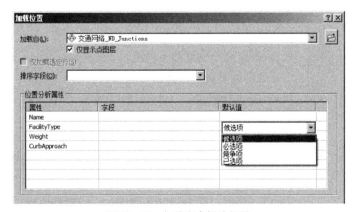

图 10-17　加载高中候选位置

■ 加载生源地点。在【Network Analyst】面板中,右键点击【请求点】项,在弹出菜单中选择【加载位置 ...】。

➤ 在【加载位置】对话框中将【加载自】栏设置为【生源地点】。

➤ 在【位置分析属性】栏，点击【Weight】行的【字段】列，在下拉列
表中选择【高中就读人数】字段（图10−18），意味着用【高中就读人
数】字段的值作为各个【请求点】的权重。

➤ 点【确定】。

图 10−18　加载生源位置

■ 设置"位置分配"的属性。点击【Network Analyst】面板右上角的【属
性】按钮📗，显示【图层属性】对话框：

➤ 切换到【分析设置】选项卡。选择【阻抗】为【人行时间（分钟）】（该
属性模拟了步行和公共交通）。

➤ 勾选【请求点到设施点】。

➤ 切换到【高级设置】选项卡。选择【问题类型】为【最小化阻抗】（图
10−19）。

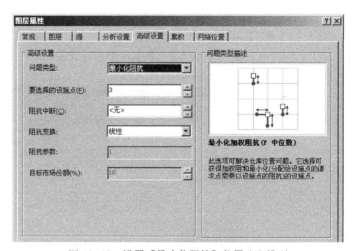

图 10−19　设置【最小化阻抗】位置分配模型

➤ 设置【要选择的设施点数】为【3】。

➤ 切换到【网络位置】选项卡。在【捕捉到】栏确保只有【地面道路】
被勾选。

➤ 点【确定】完成设置。

图 10-20　基于最小化阻抗的位置分配结果

■ 位置分配求解。点击【Network Analyst】工具条上的【求解】工具📇，短暂运算后，结果如图 10-20 所示，可以粗略地看到选择了三个高中位置，并且从每个位置发射出许多线段，连接到该高中服务的生源地。

■ 对分析结果进行符号化，以便于区分。

➤ 改小候选项的符号，即地图中的小方块。在【内容列表】面板的【位置分配】图层组下，双击【候选项】图层前的方块符号，调出【符号选择器】对话框，将【大小】改为【1】。

➤ 更改指向不同设施点的连线的颜色。右键单击【内容列表】面板【位置分配】图层组下的【线】图层，在弹出菜单中选择【属性 ...】，显示【图层属性】对话框。切换到【符号系统】选项卡，按照图 10-21 所示，将符号化改为按照【FacilityID】的【唯一值】符号化，点【确定】。更改符号显示之后的效果如图 10-22 所示。

■ 选址结果分析。

➤ 右键点击【内容列表】面板中【位置分配】图层组下的【设施点】图层，

图 10-21　位置分配结果的符号化

图 10-22　位置分配结果的符号化效果

在弹出菜单中选择【打开属性表】，调出【设施点】的【属性表】对话框。

> 右键点击【FacilityType】表头，选择【降序排列】，之后可以看到头三行的【FacilityType】值为【已选项】，而其余值为【候选项】。这三个已选项即是模型挑出来的三所中学。

> 调整属性表表头的顺序后如图 10-23 所示。其中【DemandWeight】是分配到该设施点的请求点的 Weight 之和，根据前面"加载生源地点"时的设置，Weight 为请求点的【高中就读人数】字段的值，所以这里的 DemandWeight 就代表了分配到该设施点的高中就读人数之和，亦即该高中的生源数。根据高中生源人数就可以预估高中的用地和建筑规模，避免了用地和建筑的浪费。

Name	FacilityType	DemandWeight	DemandCount	TotalWeighted_人行时间	Total_人行时间
位置 486	已选项	2973	233	33923.44248	2659.035877
位置 532	已选项	3027	235	30403.278038	2364.765868
位置 635	已选项	1566	152	12950.155322	1301.63364
位置 1	候选项	0	0	0	0
位置 2	候选项	0	0	0	0
位置 3	候选项	0	0	0	0
位置 4	候选项	0	0	0	0

图 10-23　设施点属性表

>【设施点】属性表中的【TotalWeighted_人行时间】是按照 Weight（即生源数）加权后分配到该设施的出行的【人行时间】之和，将它除以 DemandWeight 就可以得到人均出行时间。在【设施点】属性表中增加双精度字段【人均出行时间】，按上述思路求得各个高中的【人均出行时间】分别为 11.4、10.0、8.3min。该指标可以用来对比不同选址方案的差别。

通过上述分析，我们可以得到最优的高中选址方案，以及学生规模和生源分布，进而可以科学划定学区范围，这对于公共服务设施规划具有重要作用。

2）确定一所高中的位置，选址剩下的两所高中

■ 隐藏上一次分析的结果。取消勾选【内容列表】面板的【位置分配】图层组，这时分析结果都从图面上隐藏了起来。

■ 新建位置分配。点击【Network Analyst】工具条上的按钮【Network Analyst】，在下拉菜单中选择【新建位置分配】，之后【内容列表】面板中也新添了【位置分配2】图层，【Network Analyst】面板中也新添了【位置分配2】（注：点击【Network Analyst】面板顶部的下拉列表，可以进行地图中现有网络分析模型的切换（图10-24），面板中的设施点、请求点等项目的设置都仅针对列表中的当前网络分析模型。如果想要回过头来对之前的【位置分配】进行修改，那么请在【Network Analyst】面板的下拉列表中选择【位置分配】）。

■ 添加已确定位置的高中。其位置如图10-25所示。

➤ 确保【Network Analyst】面板中的【设施点】项处于选中状态，点击【Network Analyst】工具条中的【创建网络位置工具】，在图10-25所示位置点击，以添加一个设施点。

➤ 【Network Analyst】面板中，右键点击上一步添加的设施点【位置1】，在弹出菜单中选择【属性】，调出【属性】对话框。

➤ 在【属性】对话框中单击【FacilityType】行右侧的【值】单元格，在下拉列表中选择【必选项】（图10-26）。这意味着该设施点在位置分配计算中必须作为解的一部分。

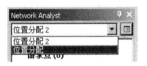

图10-24　网络分析模型的切换

图10-25　已确定位置的高中

图10-26　加载确定位置的高中

➤ 点【确定】关闭【属性】对话框。

■ 加载候选高中位置和生源地点位置。与本实践前部分三所高中位置都不确定的操作相同，不再赘述。

■ 设置"位置分配"的属性。点击【Network Analyst】面板右上角的【属性】按钮，显示【图层属性】对话框：

➤ 切换到【分析设置】选项卡。选择【阻抗】为【人行时间（分钟）】（该属性模拟了步行和公共交通）。

➤ 勾选【请求点到设施点】。

➤ 切换到【高级设置】选项卡。选择【问题类型】为【最小化阻抗】。

> ➢ 设置【要选择的设施点数】为【3】。

> ➢ 切换到【网络位置】选项卡。在【捕捉到】栏确保只有【地面道路】
> 被勾选。

> ➢ 点【确定】完成设置。

■ 位置分配求解。点击【Network Analyst】工具条上的【求解】工具█，
短暂运算后，结果如图 10-27 所示。

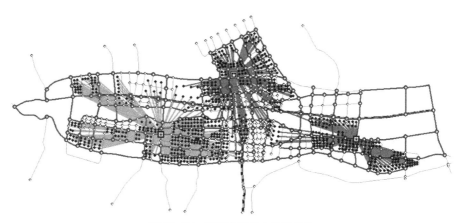

图 10-27　重新求解高中选址结果

10.4　至城市某地的交通可达性分析

交通可达性是城市规划要考虑的一个重要因素，交通可达性分析可在路网
优化、土地使用规划、地价评估、区位分析等方面发挥重要作用。

所谓可达性一般指某一地点到达其他地点的交通方便程度，也可指其他地
点到达这一地点的交通方便程度，其衡量方法多种多样。本节将以某单中心城
市为例，根据到城市商业中心车行时间的长短来评价各个区域的可达性。

实践 10-3（规划分析）至城市商业中心的交通可达性分析

实践概要　　　　　　　　　　　　　　　　　　　　　　　表 10-3

实践目标	掌握通过求解 OD 成本矩阵来评价至地的交通可达性
实践内容	学习网络建模中的等级网络技术 学习网络分析中的【OD 成本矩阵】求解方法 学习【Data Management Tools】中的【连接字段】工具，基于公用属性字段将一个表的指定内容永久性地添加到另一个表 学习【空间插值】方法，通过已知的空间数据来预测其他位置空间数据值，最终生成一幅连续的栅格图纸
实践数据	随书数据【Chapter10\ 实践数据 10-3】

1. 数据简介

打开随书数据【Chapter10\ 实践数据 10-3\ 至城市商业中心的交通可达
性分析 .mxd】，其中包含一个完整的交通网络模型。这个交通网络模型里面包

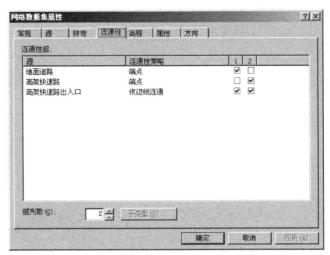

图 10-28　实践数据的网络连通设置

含了高架快速路和地面道路两层网络，两者之间通过点要素【高架快速路出入口】衔接。打开【交通网络_ND】的【网络数据集属性】，切换到【连通性】选项卡，可以看到它们的连通性分组设置如图 10-28 所示。

本网络使用了等级网络技术，它可以将网络分为若干等级。当面对大型网络时，使用等级求解时通常耗时更少，但划分等级并不是必需的。本网络分为三级，查看【高架快速路】和【地面道路】的属性表可以看到为它们增加了一个短整型字段【道路等级】，所有高架快速路都是 1 级，主干道、次干道和公路都是 2 级，支路是 3 级（图 10-29）。在网络模型中增加了一个默认属性【道路等级】（图 10-30），它的使用类型是【等级】，打开它的赋值器可以看到它的属性值源自【高架快速路】和【地面道路】的【道路等级】字段（图 10-31）。

此外，如果使用等级网络，那么在通用转弯延迟时可以作更加细致的设置，查看【车行时间】属性的【通用转弯延迟】，如图 10-32 所示。它可以将道路根据等级属性分为主要道路（一般特指高速公路以及限行路）、次要道路（指城市主干道）和地方干道（指辅路以及地方街道）三类。主要道路向任何道路转弯都是 0（因为采用立交），次要道路转到次要道路、次要道路转到地方道路可以分别设置延迟（例如图中将地方到地方道路穿过地方道路的延迟设

图 10-29　属性表中的【道路等级】字段　　图 10-30　网络模型中的【道路等级】属性

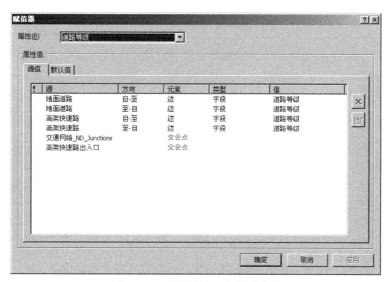

图 10-31 【道路等级】属性的参数

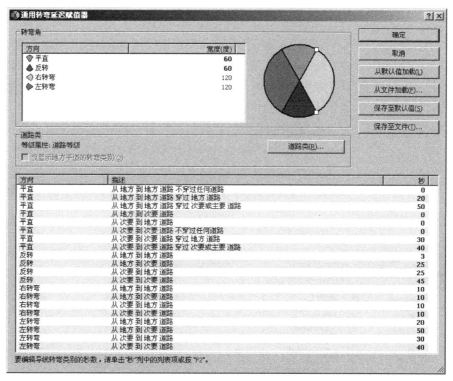

图 10-32 等级网络的通用转弯延迟

为 20s，但是将地方到地方道路穿过次要或主要道路的延迟设为 50s），如此可以更加精细地反映不同类型路口转弯延迟的情况。

点击图中的【道路类】按钮，显示对话框【通用转弯赋值器道路类范围】（图10-33），可以看到将道路等级为 1 的（即高架快速路）分到【主要道路】类型，2 级道路（即主干道、次干道和公路）分到【次要道路类型】，3 级道路（即支路）分到【地方干道】类型。

225

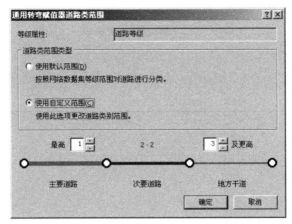

图 10-33　通用转弯延迟中的道路分类

通过上述网络设置，就形成了一个等级网络。

另外，【商业中心】要素类只有一个点状要素，代表该城市的商业中心位置。

2. 计算 OD 成本矩阵

OD 成本矩阵用于在网络中查找和测量从多个起始点到多个目的地的最小成本路径。本实践将商业中心作为唯一目的地点，所有路口作为起始点，利用【OD 成本矩阵】求解得到各路口到商业中心的最短车行交通时间，以此来评价各个地段到商业中心的交通方便程度。详细步骤如下：

■　启动 O-D 分析工具。点击【Network Analyst】工具条上的按钮【Network Analyst】，在下拉菜单中选择【新建 OD 成本矩阵】，之后会显示【Network Analyst】面板（如果没有显示该对话框，可点击工具条上的【显示/隐藏网络分析窗口】工具），【内容列表】面板中新添了【OD 成本矩阵】图层，如图 10-34 所示。

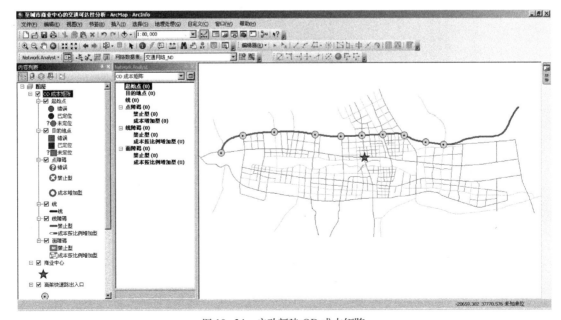

图 10-34　启动新建 OD 成本矩阵

■ 加载起始点。本实践将所有路口都作为起始点，而【交通网络_ND_Junctions】则代表了所有路口，因此直接加载它。

在【Network Analyst】面板中，右键点击【起始点】项，在弹出菜单中选择【加载位置...】，显示【加载位置】对话框。将【加载自】栏设置为【交通网络_ND_Junctions】，点【确定】。这样就将所有的路口都作为起始点。

■ 加载目的地点，即【商业中心】。

在【Network Analyst】面板中，右键点击【目的地点】项，在弹出菜单中选择【加载位置...】，将【加载自】栏设置为【商业中心】。点【确定】。

■ 设置"位置分配"的属性。

➤ 点击【Network Analyst】面板右上角的【属性】按钮，显示【图层属性】对话框。

➤ 切换到【分析设置】选项卡。选择【阻抗】为【车行时间（分钟）】。

➤ 切换到【网络位置】选项卡。在【捕捉到】栏确保只勾选【地面道路】和【交通网络_ND_Junctions】。

➤ 点【确定】。

■ 位置分配求解。点击【Network Analyst】工具条上的【求解】工具。计算完成后得到一张 O-D 图，结果如图 10-35 所示。由于 O-D 线太多，图面上反映不出有效信息，这时候需要通过 O-D 表来分析计算结果。

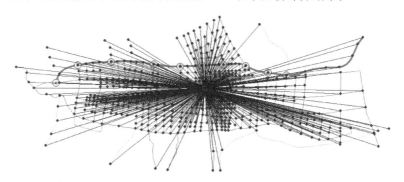

图 10-35 【OD 成本矩阵】求解结果

■ 查看 O-D 成本表。右键点击【Network Analyst】面板的【线】项，在弹出菜单中选择【打开属性表】，显示【表】对话框（图 10-36）。

ObjectID	Shape	Name	OriginID	DestinationID	DestinationRank	Total_车行时间
1584	折线	位置 1 - 位置 1	530	1	1	8.959742
1585	折线	位置 2 - 位置 1	531	1	1	9.541092
1586	折线	位置 3 - 位置 1	532	1	1	11.13407
1587	折线	位置 4 - 位置 1	533	1	1	10.302679
1588	折线	位置 5 - 位置 1	534	1	1	10.81098
1589	折线	位置 6 - 位置 1	535	1	1	11.163885
1590	折线	位置 7 - 位置 1	536	1	1	14.017512
1591	折线	位置 8 - 位置 1	537	1	1	13.169479
1592	折线	位置 9 - 位置 1	538	1	1	12.575885
1593	折线	位置 10 - 位置 1	539	1	1	11.473325
1594	折线	位置 11 - 位置 1	540	1	1	16.163458
1595	折线	位置 12 - 位置 1	541	1	1	12.516908
1596	折线	位置 13 - 位置 1	542	1	1	11.958433

图 10-36 OD 成本矩阵表

其中【OriginID】字段是起始点编号，【DestinationID】字段是目的地点编号，由于只有一个目的地，所以【DestinationID】都是【1】，【Total_车行时间】字段是起始点和目的地点之间的车行时间。由于此时的目的地点是商业中心，所以【Total_车行时间】即表示各路口到商业中心的车行时间，反映了各个区域到商业中心的可达性。

3. 可达性的可视化

上述可达性计算结果存储在数据表中，信息不够直观，下面将对其进行可视化，并生成至商业中心的可达性分布图。

- 将【Total_车行时间】添加到【起始点】上。
- 在【目录】面板中启动工具【工具箱 \ 系统工具箱 \Data Management Tools\ 连接 \ 连接字段】，调出【连接字段】对话框。该工具将基于公用属性字段将一个表的指定内容添加到另一个表。该工具与属性表中的【连接和关联】→【连接 ...】相类似，不同的是它将直接把字段永久性地添加到被连接表中，而不是可以移除的临时性连接。
- 设置基于【起始点】表【ObjectID】字段和【OD 成本矩阵】中的【线】的【OriginID】字段的连接，详细设置如图 10-37 所示。连接成功后，【起始点】表中将拥有【Total_车行时间】属性字段，即可达性。
- 空间插值及可视化，生成可达性分布图。

根据前面步骤得到了各个路口的可达性，但是路口点和点之间存在空白区域，这些区域的可达性并未反映出来。对于这种情况，可利用【插值】工具来生成一幅直观的连续无空白的图纸。

GIS 知识

空间插值

空间插值通过已知的空间数据来预测其他位置的空间数据值，最终生成一幅连续的栅格图纸。它依据的是已知观测点数据、显式或隐含的空间点群之间的关联性、数据模型以及误差目标函数。一个典型的例子是根据有限的气温观测点的气温数据预测整个区域各个地点的气温，并生成一幅气温图。

ArcGIS提供了一系列插值工具，分别是克里金法、反距离权重法、趋势面法、自然邻域法、样条函数法、含障碍的样条函数法。这些插值方法各有特色，适用于不同的领域。下面简要介绍几种最常用的插值方法：

（1）趋势面法是一种整体插值方法，即整个研究区域使用一个模型、同一组参数。它适用于表达整体空间趋势、样本点有限、插值也有限的数据。需要注意的是样本点的插值结果往往不等于之前的样本值。

（2）反距离权重法是以插值点与样本点之间的距离为权重的插值方法。它适用于对距离敏感的插值，例如本实验对可达性的插值。

（3）克里金法在计算插值时，插值点的值是其周围影响范围内的几个已知样本点变量值的线形组合。它不仅考虑了距离远近的影响，还考虑了样本点的位置和属性，适用于样本点数量多的情况。

- 启动插值工具【工具箱 \ 系统工具箱 \Spatial Analyst Tools\ 插值 \ 反距离权重法】，显示【反距离权重法】对话框（图 10-38）（注：在使用该工具前，必须确定已启用了【Spatial Analyst】扩展模块）。

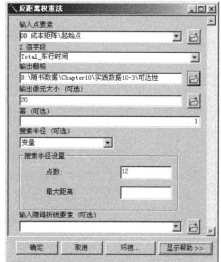

図 10-37　连接属性到【起始点】表　　　图 10-38　【反距离权重法】插值对话框

➢ 设置【反距离权重法】对话框的参数，如图 10-38 所示。

➢ 点击【环境 ...】，在弹出窗口中打开【处理范围】，在【范围】的下拉列表中，选择【与图层 地面道路 相同】。点击【确定】。

➢ 点【确定】开始计算。计算完成后生成了【可达性】栅格图，如图 10-39 所示。

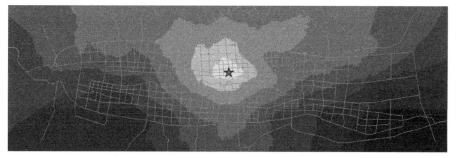

图 10-39　至商业中心的可达性分布图

分析可达性图可以看到，越靠近商业中心的位置可达性越高，反之越远的地方可达性越低。另外，城市北部由于有一条高架快速路而拥有更高的可达性。分析结果与实际情况相符。

10.5　城市交通出行便捷性分析

上一节介绍了一种可达性计算方法，本节将介绍另一种方法——基于最小阻抗的可达性分析方法来计算城市交通出行的便捷性。

1. 原理

城市交通出行便捷性是评价一个路网整体效率的重要指标，同时各个区域的出行便捷性也是规划该区域用地功能的重要参考因素。

这里将采用 Allen（1995）提出的基于最小阻抗的可达性分析方法来计算城市交通出行的便捷性。该方法用中心点至所有目的地点的平均最小阻抗作为中心点的可达性评价指标。如式（10-1）和式（10-2）所示。

$$A_i = \frac{1}{n-1} \sum_{\substack{j=1 \\ j \neq i}}^{n} (d_{ij}) \tag{10-1}$$

$$A = \frac{1}{n} \sum_{i=1}^{n} (A_i) \tag{10-2}$$

式中 A_i——表示网络上的节点 i 的可达性；

A——整个网络的可达性；

d_{ij}——表示节点 i、j 间的最小阻抗，可以为距离、时间或费用等。

式（10-1）表明，节点 i 的可达性，为该节点到网络上其他所有节点的最小阻抗的平均值；

式（10-2）表明，整个网络的可达性为各个节点可达性的平均值。

该模型的主要优点是计算方便，所需基础数据简单。但主要问题是它把所有目的地都作同等对待，因而没有考虑出行目的的差异。

2．实践简介

本实践用最小车行出行时间作为阻抗，将区域内的所有路口既作为出行点，也作为目的点，计算各路口到其他路口的平均最短车行时间，以此作为可达性评价指标，衡量各路口至其他任意位置的交通便捷程度，并汇总各路口可达性的平均值，得到整个路网的平均可达性。

实践 10-4（高级规划分析）城市交通出行便捷性分析

实践概要		表 10-4
实践目标	掌握利用网络分析结果开展复杂规划分析的方法，本实践根据"基于最小阻抗的可达性"分析方法，利用【OD 成本矩阵】分析结果，分析城市交通出行便捷性	
实践内容	复习网络分析中的【OD 成本矩阵】求解方法 学习查阅求得的 OD 成本矩阵 复习分类汇总属性值、连接字段、字段计算器 复习分级色彩符号化、空间插值方法生成可达性分布图 学习对属性值的【统计】功能，获取路网的可达性指标	
实践思路	问题解析：将区域内的所有路口既作为出行点，也作为目的点，计算各路口到其他路口的平均最短车行时间，以此作为可达性评价指标，衡量各路口至其他任意位置的交通便捷程度 关键技术：OD 成本矩阵求解 所需数据：城市交通路网模型及相关数据 技术路线：（1）利用 ArcGIS 网络分析功能下的【新建 OD 成本矩阵】工具计算各路口至其他路口的最短出行时间。 （2）分类汇总各路口至所有其他路口的出行时间，然后除以其他路口数目，得到各路口至所有其他路口的平均出行时间，将其存储到【可达性】字段中。 （3）各路口可达性的空间可视化。将【可达性】字段添加到【起始点】要素中，使得各个路口点都获得【可达性】属性。 （4）利用空间插值生成覆盖整个研究区域的可达性分布图	
实践数据	随书数据【Chapter10\ 实践数据 10-4\】	

1. 计算 O-D 成本矩阵

■ 打开随书数据【Chapter10\ 实践数据 10-4\ 城市交通出行便捷性分析 .mxd】，其中包含一个完整的交通网络模型，它包含地面道路和高架快速路两层网络，该网络模型与实践 10-3 是完全相同的。

■ 启动 O-D 分析工具。点击【Network Analyst】工具条上的按钮【Network Analyst】，在下拉菜单中选择【新建 OD 成本矩阵】，之后会显示【Network Analyst】面板（如果没有显示该对话框，可点击工具条上的【显示 / 隐藏网络分析窗口】工具）。

■ 加载起始点。在【Network Analyst】面板中，右键点击【起始点】项，在弹出菜单中选择【加载位置 ...】，显示【加载位置】对话框。将【加载自】栏设置为【交通网络 _ND_Junctions】。点【确定】。然后重复上述步骤，将【加载自】栏设置为【高架快速路出入口】。这样就将所有的路口都作为起始点。

■ 加载目的地点。在【Network Analyst】面板中，右键点击【目的地点】项，在弹出菜单中选择【加载位置 ...】，将【加载自】栏也设置为【交通网络 _ND_Junctions】，点【确定】。然后重复上述步骤，将【加载自】栏设置为【高架快速路出入口】。这将把所有路口作为目的地点。

■ 设置 "位置分配" 的属性。点击【Network Analyst】面板右上角的【属性】按钮，显示【图层属性】对话框。切换到【分析设置】选项卡，选择【阻抗】为【车行时间（分钟）】，点【确定】。

■ 位置分配求解。点击【Network Analyst】工具条上的【求解】工具。由于路口很多，计算需要较长时间。计算完成后得到一张 O-D 图。由于 O-D 线太多，图面上反映不出有效信息，这时候需要通过 O-D 表来分析计算结果。

■ 查看 O-D 成本表。右键点击【Network Analyst】面板的【线】项，在弹出菜单中选择【打开属性表】，显示【表】对话框（图 10-40）。其中，【OriginID】字段是起始点编号，【DestinationID】字段是目的地点编号，【Total_ 车行时间】字段是起始点和目的地点之间的车行时间。

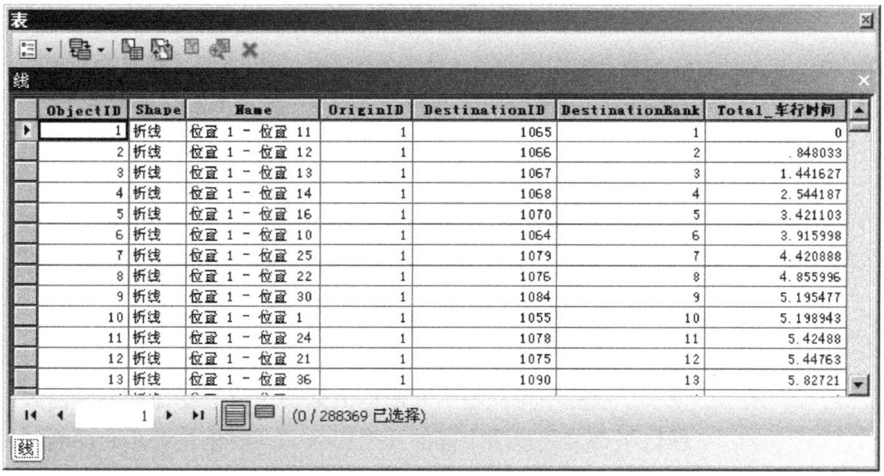

ObjectID	Shape	Name	OriginID	DestinationID	DestinationRank	Total_ 车行时间
1	折线	位置 1 - 位置 11	1	1065	1	0
2	折线	位置 1 - 位置 12	1	1066	2	.848033
3	折线	位置 1 - 位置 13	1	1067	3	1.441627
4	折线	位置 1 - 位置 14	1	1068	4	2.544187
5	折线	位置 1 - 位置 16	1	1070	5	3.421103
6	折线	位置 1 - 位置 10	1	1064	6	3.915998
7	折线	位置 1 - 位置 25	1	1079	7	4.420888
8	折线	位置 1 - 位置 22	1	1076	8	4.855996
9	折线	位置 1 - 位置 30	1	1084	9	5.195477
10	折线	位置 1 - 位置 1	1	1055	10	5.198943
11	折线	位置 1 - 位置 24	1	1078	11	5.42488
12	折线	位置 1 - 位置 21	1	1075	12	5.44763
13	折线	位置 1 - 位置 36	1	1090	13	5.82721

14 ◄ ◄ 1 ► ►I (0 / 288369 已选择)

图 10-40　OD 成本矩阵表

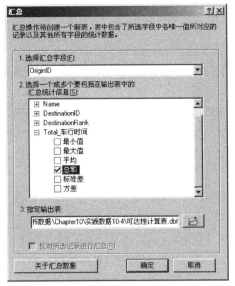

图 10-41　汇总各起始点的车行时间

2. 计算可达性

紧接之前步骤，根据公式（10-1），计算各路口可达性的具体操作如下：

■ 对各个起始点的【Total_ 车行时间】求和。在【表】对话框中右键点击【OriginID】字段，在弹出菜单中选择【汇总...】（注：【OriginID】是起始点的编号），如图 10-41 所示。

➢ 勾选【汇总统计】栏下【Total_ 行车时间】的【总和】选项。这意味着按照【OriginID】分类汇总【Total_ 车行时间】，汇总方法是求总和。

➢ 将【指定输出表】设置为【Chapter10\ 实践数据示例 \ 实践 10-4\ 交通网络分析 \ 可达性计算表 .dbf】。

➢ 点【确定】开始计算。完成后将生成【可达性计算表 .dbf】，其中【Sum_Total_ 车行时间】字段是各个起始点的【Total_ 车行时间】的总和。

■ 计算各起始点的可达性。为【可达性计算表】添加【双精度】字段【可达性】。然后按照公式：[可达性]= [Sum_Total_ 车行时间]/（[Count_OriginID] −1），利用字段计算器批量计算【可达性】字段的值（注：式中 [Count_OriginID] 是汇总时各个 [Total_ 车行时间] 的条数，亦即目的地点个数）。

■ 将【可达性】属性添加到【起始点】表上。

➢ 在【目录】面板中启动工具【工具箱 \ 系统工具箱 \Data Management Tools\ 连接 \ 连接字段】，调出【连接字段】对话框。

➢ 设置基于【起始点】表【ObjectID】字段和【可达性计算表】的【OriginID】字段的连接。连接成功后，【起始点】表中将拥有【可达性】属性字段，即可达性。

■ 图面可视化。双击【内容列表】中的【起始点】图层，显示【图层属性】对话框，切换到【符号系统】选项卡，按图 10-42 所示进行设置。点【确定】后，图面效果如图 10-43 所示。

3. 生成可达性分布图

紧接之前步骤，采用【反距离权重法】生成可达性分布图（具体操作见实践 10-3），结果如图 10-44 所示。

从整体交通可达性分布图中，可以直观地看到整个城市的交通出行便捷性情况。从图中可以看到北部的高架快速路对便捷性影响巨大，便捷性最好的区域位于高架快速路中段的几个出入口。由于快速路北面城市用地较少，便捷性好的区域许多位于城市建设区之外，交通资源尚未得到充分利用。

图 10-42 起始点图层的分级色彩符号化

图 10-43 起始点图层的符号化效果

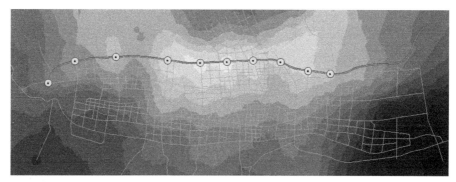

图 10-44 整体交通可达性分布图

4．分析路网的整体便捷性指标

在【内容列表】中浏览到【OD 成本矩阵 ＼ 起始点】，右键点击【起始点】，选择【打开属性表】。在【可达性】表头上右键选择【统计】（图 10-45）。在

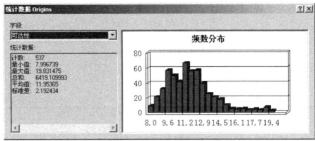

图 10-45　统计【可达性】　　　　　　图 10-46　统计结果

弹出的窗口中（图 10-46），可以看到可达性的【最大值】、【最小值】以及【平均值】等。这些指标可以用于不同路网方案之间的对比和优化。

其中的【平均值】与公式（10-2）的含义相同，代表了整个路网的平均可达性，为 11.95min。

分析【频数分布】可以发现绝大多数路口的平均出行时间都在 9~15min 之内，超过 15min 的频数较低，整体可达性良好。

10.6　本章小结

尽管网络分析类型很多，但是 ArcGIS 为所有网络分析提供了统一的分析界面（即【Network Analyst】面板和【Network Analyst】工具条），以及通用的分析步骤：向 ArcMap 中添加网络数据集→新建网络分析→添加网络分析对象→设置网络分析属性→执行分析并显示结果。这无疑极大地简化了分析的过程，降低了使用难度。

本章详细介绍了三种典型的网络分析：服务区分析、位置分配分析、OD 成本矩阵分析。基于这三种分析可以开展许多重要的规划量化分析：基于服务区分析可以评估设施的服务效率和效力；位置分配分析可以在设施布局规划中广泛使用，包括学校、医院、消防站、超市、菜市场、文化中心、物流配送中心等；OD 成本矩阵分析则可以为许多和交通相关的规划分析提供 OD 矩阵，这些分析包括交通可达性分析、空间相互作用分析等。

练习 10-1：医院选址

练习数据【Chapter10\ 练习数据 10-1\】给出了一个完整的交通网络模型，该模型与实践 10-2 完全相同，请阅读实践 10-2 中关于数据的简介，这里不再重复介绍。

现拟规划两所综合医院，请以路网的"人行时间（分钟）"作为阻抗，以居住用地作为请求点，居住人口作为权重，利用位置分配的"最大化市场份额"模型，求解最佳的选址地点。

练习 10-2：至高速公路出入口的交通可达性分析

练习数据【Chapter10\ 练习数据 10-2\】给出了一个完整的交通网络模型，该模型包含了高架快速路和地面道路两层网络。另外，【高速公路出入口】要素类只有一个点状要素，代表该城市唯一一个高速公路出入口的位置。请计算城市各个区域至高速公路出入口的可达性，生成可达性分布图。

练习 10-3：基于交通出行便捷性的路网优化

通过实践 10-4 的城市交通出行便捷性分析，发现高架快速路带来了可达性的提升，但这一交通资源并没有得到充分利用。练习数据【Chapter10\ 练习数据 10-3\】给出了一个优化后的交通网络模型，它对高架快速路进行了重新选线并新增了一条南北向高架快速路。请读者重新计算可达性分布图并统计可达性，然后和实践 10-4 中路网的可达性进行对比，分析优化效果。

参考文献

[1] 陈述彭，鲁学军，周成虎．地理信息系统导论 [M]．北京：科学出版社，1999．

[2] 陈述彭．城市化与城市地理信息系统 [M]．北京：科学出版社，1999．

[3] Department of Environment.Handling Geographic Information[M].London：HMSO，1987．

[4] 道奇，麦克德比，特纳．地理可视化：概念、工具与应用．张锦明，陈卓，龚建华，等．北京：电子工业出版社，2015．

[5] Geertman S.C.M.，Van Eck J.R.R.GIS and Models of Accessibility Potential：An Application in Planning[J]. International Journal of Geographical Information Science，1995（9）．

[6] Laurini R.Information Systems for Urban Planning：A Hypermedia Co-operative Approach[M].New York：Taylor & Francis，2001．

[7] 马丽贝丝·普赖斯．ArcGIS 地理信息系统教程 [M]．李玉龙．第 5 版．北京：电子工业出版社，2012．

[8] 牛强．城市规划 GIS 技术应用指南 [M]．北京：中国建筑工业出版社，2012．

[9] 牛强，黄建中，胡刚钰，张乔，柳朴．源自地理设计的城市规划设计量化分析框架初探——以多巴新城控规为例 [J]．城市规划学刊，2015（5）．

[10] 牛强，宋小冬，周婕．基于地理信息建模的规划设计方法探索——以城市总体规划设计为例 [J]．城市规划学刊，2013（1）．

[11] 牛强，彭翀．基于现实路网的公共及市政设施优化布局模型初探 [J]．交通与计算机，2004（5）．

[12] 钮心毅，宋小冬．基于土地开发政策的城市用地适宜性评价 [J]．城市规划学刊，2007（2）．

[13] 宋小冬，钮心毅．地理信息系统实习教程 [M] 第 3 版．北京：科学出版社，2013．

[14] 宋小冬,叶嘉安,钮心毅．地理信息系统及其在城市规划与管理中的应用[M]．第2版．北京:科学出版社，2010．

[15] 宋小冬，钮心毅．再论居民出行可达性的计算机辅助评价 [J]．城市规划汇刊，2000（3）．

[16] 汤国安，杨昕．ArcGIS 地理信息系统空间分析实验教程 [M]．第 2 版．北京：科学出版社，2012．

[17] 汤国安，赵牡丹，杨昕，周毅．地理信息系统 [M]．第 2 版．北京：科学出版社，2010．

[18] 王劲峰，廖一兰，刘鑫．空间数据分析教程 [M]．北京：科学出版社，2010．

[19] 杨涛，过秀成．城市交通可达性新概念及其应用研究 [J]．中国公路学报，1995（2）．

[20] 叶嘉安，宋小冬，钮心毅，黎夏．地理信息与规划支持系统 [M]．北京：科学出版社，2008．

[21] 余明，艾廷华．地理信息系统导论 [M]．北京：清华大学出版社，2009．

附录：本书GIS技术索引

续表